親子FUN科學

46個刺激五感、鍛鍊思考、發揮創意的科學遊戲

許兆芳 著

許良榮教授 審訂
國立台中教育大學科學教育與應用學系

我們的科學教育常強調知識的傳遞而非素養的建立，因此實驗動手做的過程常常在教學時數不足或設備缺乏下被犧牲，然而科教專家早就發現，做中學是科學學習中不可或缺的一環，那我們該如何是好？學弟許兆芳這本書的問市，恰如其分地提供了親子共同動手做需要的素材，讓每個人都有機會在家裡做實驗，不但可以親身體驗科學，又可以增進親子關係！這麼好的書你還等什麼，快來動手學科學！

——中央大學科學教育中心主任、物理系副教授 **朱慶琪**
（極簡網址：http://科教.tw/，http://物理.tw/ 負責人）

在兒少科學教育的世界，許兆芳先生是位熱情洋溢的天才。他是我在東吳大學時的學生，曾經一起合作，當時我就發現他才華出眾。畢業後，他就一直全心投入科普教育第一線的工作，至今成績斐然。這本書集其十餘年創作之菁華，每個作品都揉合著童趣、想像、藝術和科學的元素，散發出許兆芳特有的個人風格，值得大家細細品味、動手實作，相信它們能陪伴親子共同度過美好的成長時光。

——萬能科技大學光電工程系 **周鑑恆** 副教授

在科技掛帥的今天，許多的幼兒科教產品也都搭上了這股風潮，其實對正在探索這新奇世界的幼兒，反而使他們對科學與生活的聯繫產生了疏離感。作者以自身的豐富經驗，利用隨手可得的簡單素材，設計了各種有趣的實驗教具，不但與生活緊密結合，更能滿足幼兒探索科學的好奇心。

——東吳大學物理學系 陳秋民 副教授

讓孩子接觸與體驗科學，對創造力的啟發及認知學習的增長有所助益；家長的共同參與，讓科學體驗活動在家中進行，則是「科學生活化」理念的落實。作者多年來參與科學推廣的實務經驗，讓本書的設計兼具了「親民、易懂」與「內涵、趣味」，是親子同樂、體驗科學的最佳入門書。

——國立臺北護理健康大學　　潘愷 副教授
嬰幼兒保育系／通識教育中心

　　帶領小朋友學習科學，最難的就是如何在科學教學中增加小朋友探索科學的興趣，從過去的教學經驗中，最直接的方法莫過於透過動手做，發現現象與問題，循序漸進的引導小朋友，以培養科學的素養。《親子FUN科學》一書呈現作者豐富的教學經驗，每則科學遊戲除了詳實的作法與科學原理外，還提供了親子共同探索的延伸問題與其他富有創意的想法，是一本值得推薦的好書，也是親子共學進入科學殿堂的最佳啟蒙書。

　　　　　──FB粉絲頁「阿魯米玩科學」、宜蘭縣黎明國小 盧俊良 老師

　　筆者從大學開始接觸科普推廣活動，擔任過科學演示與導覽員、科學動手做活動講師、科學教具及展品開發人員、科學活動設計者。經歷多種角色的歷練，讓筆者認為科學活動應該可以有更多元的進行形式，故在2012年與幾位科教同好成立「中華大眾科學推廣協會」。筆者也在工作之餘參與科普活動，考取街頭藝人證照，嘗試以科學表演接觸人群。

　　協會成立至今已4個年頭，本著科學應該從生活中著手，且鼓勵親子共同參與的理念，不定期透過網路社群分享科學活動，期待有興趣的朋友能夠參與，過程中也累積了一些資源。承蒙商周出版邀約，筆者有機會重新整理這些科學活動資源並與大家分享，單元架構以多元形式呈現，期待讀者能夠把科學融入家庭生活，與人群互動分享，跨界應用創作。

　　書籍內容皆為實作拍攝，部分單元透過影片呈現，讓讀者更容易理解操作。每個單元以容易上手並達到趣味效果的方式來設計，期待家長陪孩子探索書中提示的問題，再進行延伸創作或實驗，每個單元絕對可以玩出更多好玩的科學遊戲。

　　本書的完成，首先要感謝東吳大學物理系引領我進入科普教育的教授們，沒有那段時間的歷練，不會有今日的經驗與資源。謝謝國立臺灣科學教育館曾經共事的伙伴，及長期共同推動幼兒科學教育的國立臺北護理健康大學潘愷副教授，我很享受那段一同開發科學活動的歲月。也感謝中華大眾科學推廣協會的伙伴們及曾經給予建議的師長朋友，共同激盪有趣的活動得以分享。最後，特別感激台中教育大學許良榮教授費心審閱，城邦商周出版的支持與建議，還有協助拍攝的親友及家人的鼓勵，促成本書的出版。

許兆芳 20160815

孩子從出生開始會用眼睛觀察周圍的影像，用聽覺感受環境的聲音，用手觸摸、把玩各種物品，好奇會有什麼樣的回饋。不難發現，這樣的表現，代表孩子已具備科學探索的基本能力；如果能夠提供容易取得的素材，安排有趣且直觀的科學現象進行遊戲，引發他們對萬物現象的好奇心，能用自己的方法去操作並具體的表達出來，甚至能夠比較諸多現象間的異同，有助於孩子認知學習發展，進而應用在生活中。

正值 Maker 浪潮席捲全球，或許你會認為 Maker 要會 3D 列印、寫程式，能夠整合軟硬體等等，但我認為它強調的並非只是技術，而是一種態度，能夠從生活中尋找感興趣的題材，然後動手將它實現，更進一步透過網路社群或社交場合分享與學習交流。

本書就是依上述想法，提供 3 歲以上孩子與家長共同進行科學創作的題材，大部分的材料都非常容易取得，製作上也很容易成功。結合廚房食材、魔術表演、園遊會活動、簡易機械玩具、藝術創作等多元內容，期待讓大家透過科學分享趣味創作。每個單元會透過模仿、觀察、探索、創作等說明歷程，幫助親子建立正確的科學態度與知識。創作過程中，家長可以多鼓勵孩子進行嘗試，多問問：「要是我們換個方式製作，不知道會發生什麼事？」或「你覺得為什麼會這樣呢？」孩子將透過一連串的手作過程學習與累積經驗，增加對材料的敏感度，培養發現問題的直覺以及解決問題的能力。但最重要的是，希望大家能保持對萬物現象的好奇心及求知慾，一起 Fun 科學。

Fun 科學心法

　　「動手做」是跟著本書一起玩科學的重要歷程，但如果只依照內容步驟操作就可惜了，我更希望大家能夠享受過程中自我實踐的樂趣，發自內心喊出「Wow～」，參與分享的朋友們也能大喊「太有趣了！」。在開始創作前，我想分享一些想法，希望大家在 Fun 科學的過程中發揮更多想像。

➥ 創意科學＋

　　這個「＋」後面可以放入任何元素，本書提供廚房食材、魔術表演、園遊會活動、簡易機械玩具、藝術創作等多元內容，想一想，你們還有哪些有趣的點子？

➥ Wow ～太好玩了！

　　如果問我科學創作是為了什麼？我會回答：期待參與科學活動的朋友們，都能發自內心喊出「Wow ～太好玩了！」。

➥ 動手做就對了

　　當你發現一個有趣的題材，開始找資料、了解運作原理，然後在腦子裡建構想像時，趕緊動手將它畫下來，接著動手做就對了！

➥ 善用周遭資源

　　創作使用的工具與材料不一定得花大錢，但一定要熟悉它們。所以，就從周遭資源開始吧！可以是隨手易得的文具、回收瓶罐，或鄰近文具店、便利超商就可以便宜買到的東西，相信你能更大膽的應用。

➥ 3W3T

3W3T是指「Why Why Why & Try Try Try」，也就是反覆提出疑問、不斷嘗試解決問題。參照單元的提示操作，可以提高創作的成功機率，但過程中絕對會碰到值得你一再提問的現象，或突如其來的問題，需要你反覆思考與嘗試解決。這麼做，有助於你創造更棒的點子。

➥ 五感動起來

每項創作都會運用到五感（視、聽、嗅、味和觸覺），只是比例各有不同。家長帶著孩子探索時，多鼓勵他們觀察，多放手讓他們操作，提供感官刺激，讓五感動起來。

➥ 探險不冒險

請確實用安全的方式使用工具與材料。每個創作就像進行探險令人期待，但絕對不要冒險，必要時慢下來，由家長陪同或協助。

Fun科學使用指南

　　本書規劃透過模仿、觀察、探索、創造四個歷程，提供親子體驗科學創作的趣味。各單元以適合年齡、五感特色、活動難易度等標題分類說明，並且搭配詳細解說與圖片，作為親子共學時的參考。

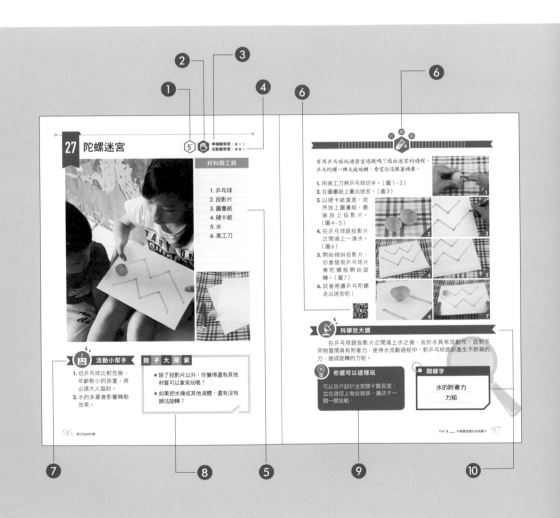

❶ **適合年齡**：適合親子共學的最小年齡。

❷ **五感**：該單元所重視的感官體驗。

❸ **活動難易度**：

　　★依照步驟提示即可輕易成功。

　　★★反覆嘗試，掌握技巧後即可成功。

　　★★★所有實作條件都需精準控制才能成功。

❹ **準備難易度**：

　　★文具店或便利超商即可購買。

　　★★連鎖大賣場、網路商店或街邊店家即可購買。

　　★★★專業販售店家或特定門路才能取得。

❺ **材料與工具**：詳列活動中需要使用的所有物品。

❻ **玩樂趣**：圖文對照加上影片 QR Code，幫助大家快速完成基本創作。

❼ **活動小幫手**：安全提示、製作技巧，甚至如何快速清潔等小秘訣都在這裡。

❽ **親子大探索**：提供該單元的觀察重點，或值得延伸嘗試的小實驗。

❾ **你還可以這樣玩**：如果只是模仿就太可惜了，提供延伸創意的參考，可以美化、改造作品，或是想到更有趣的應用。

❿ **科學放大鏡與關鍵字**：扼要說明相關原理及關鍵字，提供陪同孩子在生活中探索的方向與資料，鼓勵親子共同記錄、討論。

文中常見單位中英對照

毫升：ml　　　伏特：V　　　公克：g　　　公分：cm　　　公厘：mm

目錄・Contents

廚房裡的科學家

Part 1

廚房就像個小小實驗室，許多食材與調味料都可以變出精彩有趣的科學實驗，趕緊跟著內容，打開實驗室的大門！

Part 2 用科學創造驚奇表演

魔術常涉及科學應用，配合心理學與熟練的手法，帶給人們歡樂。這個單元將介紹幾項近距科學離魔術表演及道具，只要稍加練習，你也可以帶領觀眾見證奇蹟。

Part 3 科學園遊會的經典關卡

還在煩惱園遊會要玩什麼遊戲嗎？本章嚴選10大經典科學關卡，讓你設計遊戲不無聊，闖關秀科學。

目錄 · Contents

Part 4

動起來的小玩意

莫名其妙動起來的小玩意總是引人好奇，想要探究它的設計，這絕對是個做中學的精彩章節，趕緊動手來挑戰。

Part 5

結合科學與藝術的跨界創作

當科學不再只是科學，而是結合藝術進行創作，又會變出什麼新把戲呢？這個單元提供以科學進行聲光藝術創作的有趣題材，等你一起發揮創意。

【附錄】

- Part -

1

廚房裡的
科學家

廚房就像個小小實驗室，許多食材與調味料都
可以變出精彩有趣的科學實驗，趕緊跟著內
容，打開實驗室的大門！

準備難易度：★★★
活動難易度：★★★
4⁺

材料與工具

1. 低筋麵粉
2. 食鹽
3. 溫水
4. 食用色素
5. 鍋子
6. 量匙
7. 4顆3號電池
8. 電池盒
9. LED 燈

玩樂趣

黏土可說是培養孩子感官動作經驗的最佳素材，利用麵粉就可以自製安全又經濟的彩色黏土。你可曾想過，當黏土也可以導電，孩子會做出哪些有趣好玩的創作？趕快一起動手做吧！

A 先製作導電麵團。

1. 用溫水攪拌溶解食鹽，直到底部出現沉澱，形成飽和溶液。（圖1）

2. 用量匙取30毫升低筋麵粉及6毫升的食鹽水，約分3次混合，逐次搓揉至黏稠不沾手。（圖2～4）

3. 將麵團攤平在掌心，滴入適量食用色素，再次搓揉使顏色均勻。（圖5～7）

B 再製作絕緣麵團。

4. 方式與導電麵團相同，只要將食鹽水改為純水即可。

5. 改用其他顏色的色素，與導電麵團區別。

C 最後製作讓 LED 燈亮起來的電路。

6. 將裝上電池之電池盒的 2 條電線，分別插入 2 團導電麵團內，2 團導電麵團不可緊鄰，或以絕緣麵團相隔。將 LED 燈的長接腳插入與電池正極相接之麵團，短接腳插入與電池負極相接之麵團，你會發現 LED 燈亮起來了！（圖 8～10）

 **活動小幫手**

1. 操作過程中，麵團會慢慢乾掉，此時用手指沾水再次搓揉即可；如果不慎添加過多的水，無法成形，再加點麵粉搓揉即可。

2. 一般的自來水雖具有雜質，但仍略具導電性，只是效果較差。如果要做絕緣性較好的絕緣麵團，可以使用純水。

3. 導電麵團仍有電阻，電池至少要 6 伏特，才能讓 LED 燈明顯發亮。

4. 請留意不要造成短路，避免過熱發燙，造成危險。

5. 麵團用保鮮膜包覆冷藏，約可保存 1 週。如果乾掉，可以加點水；如果水量過多，再加入麵粉搓揉。

6. 由於鹽分很容易腐蝕金屬，使用後請記得擦拭所有金屬接腳。

7. 「濕軟電路」是由美國教授 AnnMarie Thomas 所設計研發，製作時需經過加熱翻煮步驟來混合所有材料。考量親子共同操作時，加熱步驟並不適合幼兒進行，筆者改以溫水將鹽巴溶解後混合，發現同樣具有導電效果。

運用基本電路概念，利用麵團進行創作，加上燈泡或蜂鳴器，甚至小馬達風扇，讓它們動起來。試試看，你還能把導電麵團做出哪些有趣的變化？

小提醒：每次製作導電麵團時，可能會因製作過程差異或濕潤程度而影響導電性。經筆者實驗，LED燈皆可發亮，但蜂鳴器及小馬達風扇可能需使用更多顆電池串聯來推動。

親子大探索

* 試著改變鹽水濃度，觀察 LED 燈的亮度有何不同？

* 嘗試用中筋、高筋麵粉來製作導電麵團，觀察 LED 燈的亮度又有何不同？

* 如果家中有三用電表，可以量一量自己做的麵團電阻值喔！

關鍵字

導電黏土

電解質

科學放大鏡

用溫水溶解鹽巴後，你可以做個簡單的實驗，觀察到鹽水能夠導電。原因在於，鹽是一種電解質，溶解於水時會分解形成離子，離子能自由移動，當通電時，正離子游向負極，負離子游向正極，因此能夠導電。

此外，離子的濃度會決定電解質的導電度。你會發現，改變鹽水濃度時，導電效果也會跟著有所變化。

能夠導電的水溶液很多，生活中常見的除了鹽水外，檸檬汁、醋等酸性液體，肥皂、小蘇打水溶液等鹼性液體，以及含有大量電解質的運動飲料，都可以導電。

吃軟不吃硬的巫婆湯

  準備難易度：★★★
活動難易度：★★★

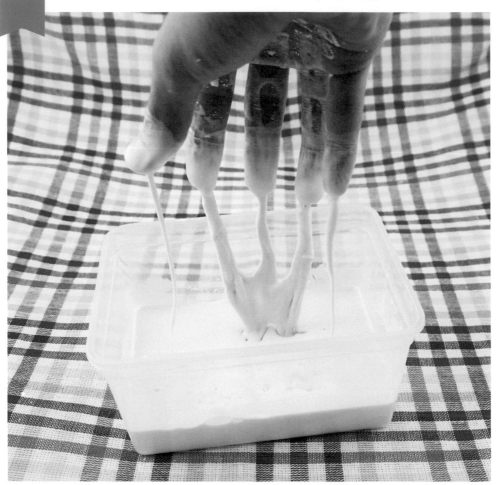

材料與工具

1. 玉米粉（或太白粉）
2. 水
3. 容器
4. 量杯
5. 食用色素（非必要）

常用來勾芡的玉米粉，加糖後與冷水攪拌均勻，再用沸水沖開成糊狀，就成為一道懷念的古早味。但你知道嗎？重新調整玉米粉和水的比例，就會變成吃軟不吃硬的神奇「巫婆湯」。

1. 以量杯取適量玉米粉放入容器內。（圖1）
2. 依5：2（玉米粉：水）的比例調配，緩慢分次加水，均勻攪拌混合成巫婆湯。（圖2）如果想讓巫婆湯有些顏色，可以加入食用色素。（圖3）

3. 當混合後的巫婆湯變得濃稠，用手或筷子輕戳表面，發現有些硬化就完成囉。（圖4）
4. 用手掌撥取巫婆湯，你有感受到它神奇的魔法嗎？（圖5）
5. 撈起巫婆湯，你有發現湯汁的流動跟一般液體有什麼不同？（圖6）

活動小幫手

1. 使用較大的容器時，請相對混合較多的巫婆湯，讓湯具有一定的深度，遊戲效果會較明顯。
2. 混合時需緩慢攪拌，太用力反而不易操作；當然，你也可以試試看。
3. 混合過程中發現巫婆湯攪拌沒有太多阻力，表示溶液太稀，可加入玉米粉；即使動作非常緩慢，還是無法攪拌，表示溶液太濃稠，可多加些水。
4. 結束後清潔時，請以大量的水稀釋沖洗巫婆湯，避免暫時堵塞水管。

* 調配巫婆湯的過程中，你有發現和平常沖泡飲料攪拌的過程有何不同嗎？

* 用手掌緩慢撈起巫婆湯，並立刻用力擠壓，看看它發生什麼變化？（圖A~B）然後攤開掌心，巫婆湯是否會流得滿手都是呢？（圖C）

* 從高處將彈珠投入巫婆湯，你覺得湯汁會濺起來嗎？（圖D~E）

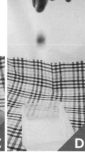

你還可以這樣玩

以免洗塑膠杯裝盛巫婆湯，再將筷子緩慢插入杯底，然後快速往上提起，你會發現巫婆湯杯一起被拉上來！試試看，你能將湯杯移動多遠？

科學放大鏡

你有發現巫婆湯的特性嗎？對它施加壓力時，會變得更加濃稠，甚至暫時形成類似固體的狀態；停止施加壓力時，很快又會回復成流體狀態。這樣的特性並不像一般的水溶液，我們稱這類型的流體為「非牛頓流體」。由於它對瞬間壓力有抵抗性，許多研究團隊開始運用具有此特性的材料作為防爆、防彈、抗震等用途。

關鍵字

非牛頓流體

5+ 　準備難易度：★★★
　　 活動難易度：★★★

材料與工具

1. 檸檬汁（或食用醋）
2. 小蘇打粉
3. 封口袋
4. 衛生紙
5. 量匙
6. 透明盒（非必要）

這個單元的標題應該會讓很多爸媽看了就想跳過，但其實它非常安全。孩子對於一些略具破壞性的活動往往帶有強烈的好奇心，既然如此，何不滿足一下他探索未知的強烈好奇心呢！

1. 將 1 匙小蘇打粉放在衛生紙上包覆起來。（圖 1～2）
2. 將檸檬汁倒入封口袋內至約 1/4 滿。（圖 3）

3. 先將封口袋對折或用手夾住封口袋中段，再把裝有小蘇打粉的衛生紙放入袋內。先隔開小蘇打粉與檸檬汁，暫不混合。這時，炸彈包已製作完成。（圖 4）

4. 引爆時，將封口袋攤平或放開手，使小蘇打粉與檸檬汁充分混合。這時，你會觀察到封口袋慢慢膨脹。當氣體過多到封口袋裝不下時，就會爆開。（圖 5～6）

活動小幫手

1. 為避免封口袋爆開時，檸檬汁噴濺到眼睛，請戴上防護眼鏡或保持距離，以策安全。

2. 如果使用食用醋，味道會比較刺鼻，請在通風處進行活動。

3. 為了方便清潔，可使用有蓋的透明盒，但記得別把蓋子密封起來。建議可在水槽、大臉盆、浴室等處進行活動。

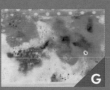

在保特瓶內倒入約1/4容量的檸檬汁，再準備1顆裝有小蘇打粉的氣球，將氣嘴處套緊保特瓶口，過程中需讓裝有粉末的氣球保持自然下垂，以免粉末掉入檸檬汁，最後再拉直氣球使小蘇打粉掉入與檸檬汁混合，氣球就會慢慢被吹起來了。（圖A～C）

準備1個寬面器皿，底部鋪一層小蘇打粉，並隨機在表面滴上各種顏色的食用色素。再拿滴管吸取檸檬汁，滴在沾有色素的小蘇打粉上。慢慢的，繽紛泡泡畫就出現囉。（圖D～G）

親子大探索

* 小蘇打粉與檸檬汁混合時，袋內的液體會有什麼變化？有聽到嗶嗶啵啵的聲音嗎？

* 試著調整小蘇打粉與檸檬汁的比例，觀察充氣結果是否會有不同？

科學放大鏡

　　小蘇打粉與酸性物質結合會產生二氧化碳氣體，並充滿整個封口袋，封口袋無法負荷袋中的壓力時，就會爆開。

關鍵字

二氧化碳、酸鹼中和

3+

準備難易度：★★★
活動難易度：★★★

材料與工具

1. 食用油
2. 水
3. 食用色素
4. 發泡錠
5. 透明容器瓶
6. 漏斗

你還可以這樣玩

關起燈，用燈或手電筒從瓶身後方或底部照射，就像個漂亮的幻彩熔岩燈。你也可以準備亮粉，把它們加進去，看起來會更繽紛喔！

科學放大鏡

發泡錠是利用酸鹼中和的原理，其成分含有檸檬酸或蘋果酸，及碳酸氫鈉（俗稱小蘇打）。固態時，兩者不會產生反應，溶解於水後會反應產生二氧化碳氣體，氣體造成瓶內液體流動；因為油和水不能互溶，讓流動更加明顯，視覺上產生像熔岩滾動般的效果。

熔岩燈開啟後，那緩慢上下滾動的彩色液體，所創造的光影效果迷幻萬千，令人忍不住盯著它發呆。如果你擔心孩子在有趣的科學活動後無法冷靜下來，我想這絕對是個可以讓孩子靜下來觀察的好活動，爸媽也可以跟著放空一會兒。

1. 將水與食用油以1：2的比例倒入透明容器瓶內；可在加水後，滴入適量的食用色素，增加視覺效果。（圖1~3）
2. 放入發泡錠，不一會兒就開始反應，你會看到氣泡帶動染色的水向上翻騰，好似滾動的熔岩般。（圖4~5）

活動小幫手

1. 反應時有氣體產生，請不要把蓋子蓋起來。
2. 反應結束後，只要再次加入發泡錠，即可重複觀察。

關鍵字

酸鹼中和

溶解

親 子 大 探 索

* 油跟水加在一起後，兩者會混合互溶嗎？哪一種溶液在上？哪一種在下？

* 滴入適量的食用色素，仔細觀察色素會和瓶中哪種液體混合？

甜蜜蜜彩虹塔

準備難易度：★★★
活動難易度：★★★

材料與工具

1. 糖
2. 水
3. 食用色素
4. 透明杯
5. 量匙
6. 攪拌棒
7. 針筒或滴管
8. 透明筒狀容器

你有想過如何自己做出高掛天空的彩虹嗎？常見的有塗鴉或利用光學折射等方法，這個單元要帶你把彩虹裝到水裡，變成積木一層層堆疊起來。

1. 在4個杯子分別加入約5毫升、15毫升、25毫升、35毫升的糖，接著分別加入約100毫升的水，攪拌至溶化，確認每杯底部沒有未溶解的糖。（圖1~2）

2. 各杯加入等量但不同顏色的食用色素，方便區別。（圖3~4）

3. 以滴管吸取糖水溶液，從濃度高的糖水開始添加至筒狀容器，一層層往上疊。（圖5~6）

4. 甜蜜彩虹塔完成囉。（圖7）

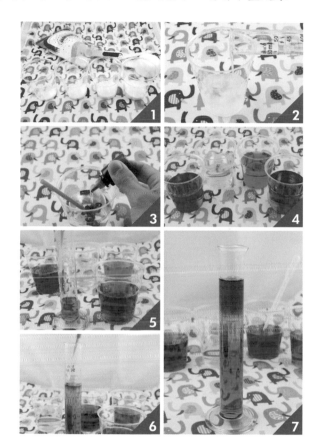

活動小幫手

1. 使用溫水調配攪拌，可以加速溶解過程。

2. 室溫下，100克的水可溶解約200克的糖。你也可以利用量匙將糖等比例添加在各個杯中，但如果發現有2杯以上的糖粒沉澱，攪拌也無法溶解，代表濃度已經飽和，就無法產生明顯的顏色分層。

3. 利用針筒或滴管操作時，沿著容器壁面慢慢滴入。（如右圖）

親子大探索

* 一定要從糖加最多的那一杯開始,由下往上加入嗎?試試從濃度最低的糖水開始,但每次添加糖水時,記得都要先把滴管伸到杯底。

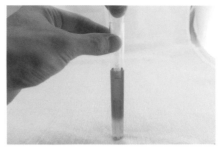

* 如果用食鹽代替糖也可以嗎?小提醒:在室溫下100克的水可溶解約36克的鹽,你要怎麼分配每一杯鹽水的濃度呢?

你還可以這樣玩

除了調配糖水溶液,還可以選擇不同的溶液,例如油、水、蜂蜜、酒精等生活中容易取得的材料,一層層往上倒入。其中有些溶液彼此不互溶,製作更容易成功,更容易引起年齡較低的孩子的興趣。

科學放大鏡

調配糖水溶液時,每一杯加入不等量的糖,這個過程使各杯糖水溶液的密度不同;密度是物體單位體積內所含的質量,也就是相同的水量,溶解的糖越多,密度就越高。活動中會發現不同密度的溶液混合時,密度較大的會沉在下層,密度較小的則會浮在上層,而出現甜蜜蜜彩虹塔的現象。

關鍵字

密度

06 炫彩糖晶棒

 5⁺ 準備難易度：★★★
活動難易度：★★★

材料與工具

1. 白砂糖
2. 食用色素
3. 竹籤
4. 夾具
5. 鍋具
6. 玻璃器皿

做一道料理就好像進行一場科學實驗,在嚴謹的操作過程中,創造出美味可口的好滋味。聽起來很嚇人,但其實不是每道料理都那麼困難,炫彩糖晶棒製作簡單,而且深受孩子喜愛。

1. 竹籤沾濕後在表面沾附砂糖,然後自然風乾。(圖1～2)
2. 準備100克的水及210克的糖,將水加熱至沸騰後熄火,接著分次加入白砂糖攪拌,直到溶解。(圖3)
3. 在玻璃器皿滴入食用色素後,將熱糖漿倒入杯子,攪拌使顏色均勻。(圖4)
4. 利用夾具夾住竹籤,放入冷卻的糖漿。(圖5)
5. 靜置約1週的時間取出,糖晶棒就完成囉。(圖6)

活動小幫手

1. 留意高溫。
2. 製作前先清潔過所有材料,較容易成功。
3. 糖的溶解度非常大,25度時,100克的水約可溶解210克的糖;如果不斷持續加熱,可溶解更多的糖,筆者曾經100克的水溶了400克的糖,但一旦溫度冷卻至室溫,就析出大量幾乎是固態的糖粒,無法完成糖晶棒。(圖A)
4. 靜置時,為了防止灰塵加料,或螞蟻跑來分享,可以隔著水盆放置,並在玻璃杯上套上鋁箔紙。(圖B)

* 使用透明玻璃罐，可以每天觀察記錄糖結晶顆粒的大小變化。（圖A～B）

A B

* 可以嘗試用不同種類的糖來製作糖晶棒，例如：白砂糖、黑糖或糖粉，看看結晶有什麼不同。

你還可以這樣玩

用棉繩取代竹籤，也可以創作出糖晶項鍊。

科學放大鏡

溫度升高可以提高物質的溶解度，但超過一定量後，即使持續攪拌，還是會有沉澱無法溶解，此時的溶液就成了「飽和溶液」。當溫度降低，溶解度跟著下降，但過剩的溶質並未結晶析出時，飽和溶液就成了「過飽和溶液」。此種溶液處於不穩定的狀態，只要加入少許晶體當作晶種，就可以使過量的溶質結晶析出。

我們就是將糖水配製成「飽和溶液」，冷卻後成為「過飽和溶液」，利用沾在竹籤上的糖作為晶種，使結晶析出成為糖晶棒。

關鍵字

結晶

過飽和

材料與工具

1. 鬆餅粉
2. 葡萄汁
   （含花青素）
3. 醋
4. 煎鍋

5. 叉子
6. 量匙
7. 容器
8. 攪拌棒
9. 盤子

食物沾個醬汁就變色，這可不是抹到辣椒醬，還是沾到芥末，而是食材本身的特性遇上了酸鹼，反映出來的有趣效果。

1. 以量匙分別將45毫升的鬆餅粉和15毫升的葡萄汁舀入容器內。（圖1）
2. 以攪拌棒將兩者混合均勻，直到拉起攪拌棒時，麵糊呈緩慢滴下的狀態。（圖2～3）
3. 將鬆餅糊倒入平底鍋加熱，表面發泡即可翻面。鬆餅散發出香味時，就能準備起鍋裝盤囉。（圖4～6）
4. 切開鬆餅，會發現內層呈現暗紫色。（圖7）
5. 在鬆餅上沾點醋或檸檬汁，你會發現內層慢慢變成淡紅色囉。（圖8）

 活動小幫手

1. 市售果汁各廠牌成分略有不同，需先進行測試，方法是將買到的葡萄汁與醋混合，如果液體變成偏紅色（如右圖）就能使用。
2. 鬆餅沾醋或檸檬汁的變色效果，會因果汁廠牌有所不同。
3. 可以依個人喜好，以藍莓汁或紫高麗菜汁等具有花青素的食材取代葡萄汁。
4. 若選擇使用紫高麗菜汁，需將紫高麗菜切片，接著放至煮沸的熱水中，持續加熱到紫色色素溶出。

親子大探索

* 當葡萄汁與鬆餅粉混合時，顏色發生了什麼變化？

* 拿鬆餅去沾其他酸性或鹼性溶液時，顏色會發生什麼變化？

* 將活動剩下的果汁滴入不同的酸性或鹼性溶液中，顏色會出現什麼變化？

鬆餅粉　小蘇打粉　醋　葡萄汁　A

弱鹼性　弱鹼性　酸性
暗紫色　淡紫色　淡紅色　B

你還可以這樣玩

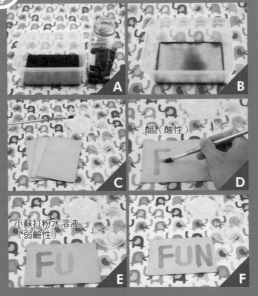

A

B

C

醋（酸性）　D

小蘇打粉水溶液（弱鹼性）　FU　E

FUN　F

將白色圖畫紙浸泡在具有花青素的汁液中，確認紙張都吸附汁液後，平鋪在報紙上晾乾，就成了自製的酸鹼試紙。在試紙滴上不同的酸鹼液體，就會出現不同的顏色變化；也可以用水彩筆沾酸性溶液（如醋）或鹼性溶液（小蘇打水）來作畫。

科學放大鏡

　　葡萄汁中含有花青素，在不同的酸鹼條件下，會顯現不同的顏色，因此可以作為酸鹼指示劑。花青素遇上酸性會顯現紅色，遇上鹼性會顯現綠色，而鬆餅粉為弱鹼性，因此製作出的鬆餅糊會呈現暗紫色。其他不同的植物色素，遇上酸鹼溶液，顯色範圍也不盡相同，常見且容易取得的還有藍莓汁或紫高麗菜汁，不妨也嘗試看看。

關鍵字

花青素

酸鹼指示劑

材料與工具

1. 冰塊
2. 食鹽
3. 封口袋（一大一小）
4. 飲料

夏日炎炎，自己做杯清涼可口的冰沙是個不錯的選擇。不過，在享受清涼的滋味之前，你得先付出些許勞力，但過程不會太難，也不會太複雜，而且還可以幫你瘦手臂，或發洩孩子過剩的精力。

1. 將飲料倒入小封口袋。（圖1~2）
2. 冰塊倒入大封口袋後與食鹽以3：1的比例均勻混合。（圖3~4）
3. 把裝有飲料的小封口袋放到大封口袋內的冰塊中間。（圖5~6）
4. 用毛巾包住大封口袋後拿起來搖晃。（圖7）
5. 努力搖晃約1分鐘，搖滾冰沙就完成囉。（圖8）

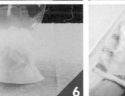

活動小幫手

1. 包裹毛巾除了可以保冷，也可以防止手凍傷。
2. 搖晃是為了加速整體熱量平衡，也可以將裝有飲料的小封口袋放到大封口袋內的冰塊中間，再放入保溫的器具（如毛巾或保麗龍盒）內靜置一段時間，飲料也會結冰。

關鍵字

凝固點下降

* 試著改變食鹽與冰塊的比例，會影響製作冰沙的時間或效果嗎？（圖A）

* 飲料袋周圍的冰塊數量與包覆方式也會影響結冰效率，你找到最佳方法了嗎？（圖B）

你還可以這樣玩

除了嘗試用其他飲料來製作冰沙，你還可以參考冰淇淋的配方。最簡單的方式是備妥牛奶 100 克、鮮奶油 60 克、煉乳 30 克，接著放入封口袋內混合均勻，接著在其上下層放置裝有碎冰與鹽巴混合的大封口袋，再以毛巾包覆，等待約10分鐘後，冰淇淋就完成了。露營野餐時，現做手工冰淇淋，一定能吸引所有人目光。（圖A~F）

科學放大鏡

在水中加入非揮發性溶質，例如鹽，會使水的凝固點下降，也就是需要更低的溫度，水才會結冰；冰塊在常溫下表面會有水溶出，如果將食鹽撒在冰塊上，會使凝固點下降。另外，鹽溶化於水的過程會吸收熱量，使溫度降低，冰塊表面的水逐漸冷卻到溫度更低的凝固點而再次結冰。

食鹽與冰混合的比例與鹽的溶解度有關，100克的水最多可溶解約36克的鹽，所以冰塊和食鹽的質量比例以3：1調配，實驗觀察溫度約可降低至-20℃。

天才小釣手

4+ 　　準備難易度：★★★
　　　活動難易度：★★★

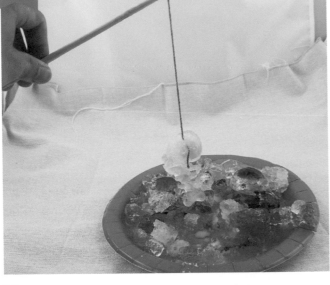

材料與工具

1. 冰塊
2. 食鹽
3. 棉繩
4. 盤子

你還可以這樣玩

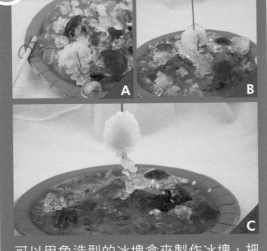

可以用魚造型的冰塊盒來製作冰塊，把食鹽當作魚餌，和孩子來一場釣魚大賽，相信他們一定會很喜歡這個充滿趣味及想像的科學遊戲。小心！釣太慢就只剩下渣囉。

科學放大鏡

常溫下，冰塊表面會有水溶出，在表面撒上食鹽會使凝固點下降。另外，鹽溶化於水的過程會吸收熱量，使溫度降低，讓表面溶解的水再次結冰，棉線就會黏在冰塊上。

上個單元所提到製作冰淇淋的降溫概念還可以用在釣魚喔。趕快準備棉繩釣竿，用鹽巴當魚餌，一起到池塘釣彩虹魚吧！

1. 將冰塊放在盤子上。（圖1）
2. 棉繩浸濕後放在冰塊上。（圖2）
3. 在棉繩與冰塊的接觸面撒上食鹽。（圖3）
4. 一段時間後，拉起繩子，冰塊就被「釣」上來了。（圖4）

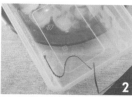

活動小幫手

1. 開始釣冰塊前，先把棉繩浸濕會比較容易成功。
2. 別急著把冰塊釣起來，仔細觀察冰塊表面的變化。當鹽巴溶化後，水會再次結冰，使棉繩與冰塊凍在一起，這時就是最佳的起竿時機。

親 子 大 探 索

* 當食鹽撒在冰塊上，你觀察到冰塊表面發生什麼現象？

* 食鹽的使用量，會影響到釣冰塊的難易度嗎？

* 嘗試使用不同材質的繩子當釣繩吧！

關鍵字

凝固點下降

- Part -
2

用科學創造驚奇表演

魔術常涉及科學應用，配合心理學與熟練的手法，帶給人們歡樂。這個單元將介紹幾項近距離科學魔術表演及道具，只要稍加練習，你也可以帶領觀眾見證奇蹟。

材料與工具

1. 金屬螺帽
   （2顆10公厘、
   1顆5公厘）
2. 棉繩

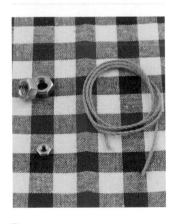

關鍵字

單擺運動

摩擦力

 你還可以這樣玩

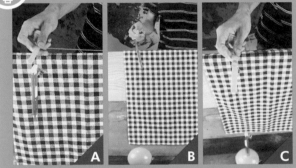

為了製造刺激的表演效果，可以在較重的一端綁上尖銳物，並在其下方放置氣球。你知道如何操控能避免氣球破掉，但是看的人絕對會感到緊張刺激。（本設計意在凸顯科學表演效果，請註意安全。）

科學放大鏡

　　這個活動看似一個單擺運動，當單擺從高處釋放，因重力作用使擺在同一平面的物體來回擺動，但又怎麼會繞圈纏住手指支點呢？差異就在於，較重的螺帽往下掉時產生的作用力拉動繩子，此作用力對擺槌（較輕的螺帽）產生分力，使得螺帽有足夠的動能繞著支點打轉，進而因摩擦力纏繞固定。

玩 樂 趣

充滿張力的表演絕對可以擄獲人心，活動中搭配可被破壞的輔助道具，能挑戰觀眾的認知，讓人神經緊繃。你也可以發揮其他創意，做出更刺激的表演。

1. 剪一段約60公分長的棉繩。（圖1）
2. 兩端分別綁上重量不等的金屬螺帽。（圖2~3）
3. 一手拿著較輕的螺帽，較重的螺帽掛在另一隻手的食指，並自然下垂。手拿螺帽與另一隻手食指間的棉繩需與地面平行。（圖4）
4. 瞬間放開手持之螺帽，較重的螺帽往下掉落，繩子帶動較輕的螺帽纏繞在手指上而不繼續墜落。

此段棉繩需與地面平行
螺帽較輕
螺帽較重

活動小幫手

1. 可以用其他表面光滑的材質取代手指，例如吸管或筆桿。

2. 本書提供的螺帽規格與數量並非絕對，可以運用周遭隨手可得的物品多做嘗試，也能玩出一樣的效果。例如，一側綁上較輕的長尾夾，一側綁上較重的剪刀，適度調整兩側重量比例。

親 子 大 探 索

* 繩子兩端的螺帽數量比例會有影響嗎？
* 你可以試試不同材質、長短、粗細的繩子。
* 試著依自己容易取得的材料，找出最適合操作的重量比例。
* 想一想，要如何安排這個表演橋段，成為很驚人的科學魔術表演。

擺你千遍不厭倦

材料與工具

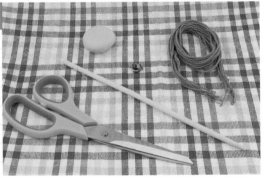

1. 棉繩　　4. 竹筷
2. 螺帽　　5. 剪刀
3. 黏土

現實世界存在超能力嗎？這個論點還沒有任何人敢肯定，但運用科學知識來耍點小把戲，絕對可以讓人誤以為你充滿超能力。

1. 剪下3段不同長度的繩子，分別間隔綁在竹筷上。（圖1）
2. 在每段繩子末端綁上螺帽。（圖2）
3. 以黏土包覆螺帽。（圖3~4）
4. 用雙手拿起筷子，注視其中1顆黏土球，輕輕前後擺動。（圖5）
5. 幾秒鐘後，那顆黏土球就會像是受到念力驅動般擺動起來，但另外2顆並不會跟著一起大幅擺動。（圖6）

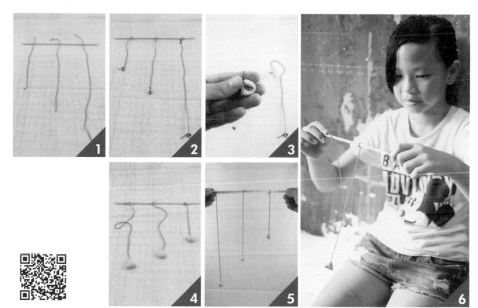

活動小幫手

1. 黏土為裝飾用，不使用一樣可以操作。
2. 就筆者操作經驗，最短擺長不要短於10公分，比較容易操作。
3. 熟悉操作後，可以挑戰用別人幾乎看不出來在擺動的頻率來搖晃單擺，看起來更具魔術效果。

親 子 大 探 索

* 慢慢地前後擺動，3個單擺都會一起擺盪嗎？

* 你有發現要讓繩子最長的黏土球擺動起來，手擺動的頻率是要高一點？還是低一點？

* 包覆黏土的螺帽，其總重量或體積大小會影響擺動的頻率嗎？

* 試著歸納出控制3組黏土單擺的關鍵。

科學放大鏡

　　在自然界中，每種物體都有其特定的自然頻率，當外來的振動源與物體的自然頻率一致，就會引發物體振動。由於單擺的擺動週期長短只和擺長大小有關，擺長越大、週期越大，因此3根單擺的週期必然不同。

　　操作時，只對想讓它動起來的黏土單擺逐漸增加擺動幅度，並配合其擺動週期，其他兩組黏土單擺因為擺長不同，擺動週期無法符合，使得擺動幅度很小，甚至完全不動。

關鍵字

共振

你還可以這樣玩

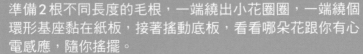
準備2根不同長度的毛根，一端繞出小花圈圈，一端繞個環形基座黏在紙板，接著搖動底板，看看哪朵花跟你有心電感應，隨你搖擺。

12 幻影大師

 3⁺ 準備難易度：★★★
活動難易度：★★★

材料與工具

1. 名片紙
2. 透明封口袋
3. 不透明水杯

看過大師表演憑空消失的魔術嗎？其實，這類魔術多是運用光學原理來騙過大家的眼睛。這個單元要帶大家變一個近距離的消失魔術，技巧非常簡單也容易上手，而且還可以做不同的變化。趕快學起來，成為小小魔術師吧！

1. 在名片紙上創作圖案，裝入封口袋內。（圖1）
2. 在水杯中裝入約8分滿的水。（圖2）
3. 垂直將封口袋放入水中後，神奇的事情發生了，封口袋內紙上的圖案竟然消失了。（圖3~4）

親子大探索

＊傾斜卡片改變視角，是否就可以看到圖案呢？

＊改用透明水杯進行相同活動，圖案真的消失了嗎？比較從杯口上方及杯子側邊看進去，影像有何不同？

活動小幫手

觀看的視角很重要，請將卡片垂直放入水杯中。

關鍵字

折射

全反射

你還可以這樣玩

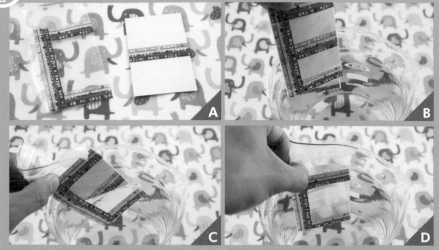

在名片紙上做出想要讓它消失的圖案，並在封口袋表層做出想留下來的圖案，然後將名片紙放入封口袋中，讓圖案重疊後封妥。封口袋表層需以防水媒材進行創作，例如：膠帶、油性奇異筆。接著以相同的方式操作，會出現更有趣的互動效果喔。

科學放大鏡

　　光在傳播過程中，如果經過2種不同介質（例如：空氣、水）的介面，會產生「折射」現象。例如，觀察水中的物體時，你看到的物體位置會與實際位置有些不同。

　　而光從折射率大的介質（例如：水）來到折射率小的介質（例如：空氣）時，會有一部分發生「折射」，一部分發生「反射」，到了某一個入射角度時，「折射」現象消失，只剩「反射」現象，此時就是所謂的「全反射」現象。

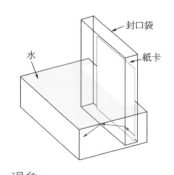
封口袋
水
紙卡

　　將裝有名片紙的封口袋放入水中，光由封口袋內的空氣進入水中時產生折射，因為水的折射率大於空氣，光線由封口袋內的空氣進入水中時會向水平方向偏移，光線抵達水面時，入射角便會大於臨界角而發生全反射，無法穿透水面。所以，從水面向下看時，會看不到封口袋內的圖案，而誤以為圖案消失了。

13 不漏水的破魚缸

準備難易度：★★★
活動難易度：★★★

材料與工具

1. 保特瓶（瓶身較圓弧）
2. 膠帶
3. 盛水容器（可放入保特瓶之大小）
4. 美工刀

魚缸瓶身破洞，缸內的水位還比破洞更高，卻不會流出來，這到底是怎麼一回事？

1. 瓶身底部算起約1/4處，以膠帶纏繞作記號，長度約1/3瓶周長。（圖1）

2. 用美工刀沿著膠帶橫向切一刀後撕掉膠帶。（圖2~3）

3. 將上方瓶身向內側壓進去後，將兩側邊緣稍微擠壓固定。（圖4~6）

4. 打開蓋子將保特瓶整個泡入水中，再旋緊蓋子。（圖7）

5. 慢慢取出保特瓶，會發現水並不曾從破洞流出來。（圖8）

6. 可以從開口處放入魚或水生植物，成為一個有趣的魔術器皿。（圖9）

🤖⚡ **活動小幫手**

1. 選擇表面平整且透明的保特瓶，可達到較好的製作及視覺效果。

2. 刀片切口要平整，避免水從裂縫滲出。

3. 為避免操作失敗水流出來，可以再準備個大盆子墊在底部。

親子大探索

* 開口位置的高度可以改變嗎？
* 水一定要裝滿整個保特瓶嗎？
* 手指伸入下方開口觸摸水面，水會流出來嗎？如果把瓶蓋打開呢？

關鍵字

大氣壓力

表面張力

科學放大鏡

　　大氣壓力是由地表上方空氣的重量所形成，平均每1平方公分的面積，會承受約1公斤的大氣壓力。以本單元為例，這股力量作用在保特瓶下方開口，且大於瓶中水的重量，使水不會流出來。

　　「你還可以這樣玩」的延伸活動，則是多了表面張力幫忙。紗網孔隙間存在著水的表面張力，使空氣無法進入瓶內，內外壓力平衡，所以水不會流出來。

你還可以這樣玩

使用紗網綁在保特瓶口，再將水裝滿，用掌心蓋住瓶口後倒立拿取，確認水不會流出後，再用牙籤穿過紗網放入瓶內，水仍不會流出，表演效果更驚人。

7⁺

準備難易度：★★★
活動難易度：★★★

材料與工具

1. 布丁杯
2. 透明塑膠杯
3. 可彎吸管
4. 螺絲起子
5. 圖釘
6. 剪刀
7. 熱熔膠
8. 透明膠帶

你有聽過「公道杯」嗎？它可是充滿中國老祖先的科學智慧，並具有品格寓意的酒杯。我們運用它的設計原理，製作一個自娛娛人的惡作劇水杯，多種戲法等你來嘗試。

1. 布丁杯的底部用圖釘刺穿3個小孔，孔洞之間距離要近。（圖1）

2. 再用螺絲起子尖端處刺穿3個小孔，並將洞擴大至與可彎吸管口徑一樣大。（圖2~3）

3. 修剪可彎吸管較短側的長度，其長度需比布丁杯高度還要短。（圖4~5）

4. 修剪可彎吸管較長側的長度，保留原長度的1/3即可。（圖6）

5. 彎曲可彎吸管，使兩節吸管平行，再用膠帶黏貼固定。（圖7）

6. 將較長段吸管插入布丁杯孔洞，並使較短的吸管靠近杯底，再用熱熔膠密封布丁杯與吸管接縫。（圖8~9）

7. 準備透明塑膠杯在下方盛接，將水倒入上方布丁杯中，當水位超過可彎吸管頂端，有趣的事情就發生囉！（圖10）

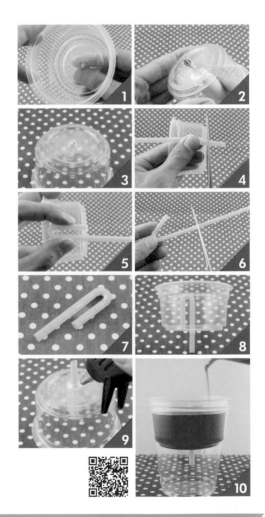

活動小幫手

1. 熱融膠具高溫，操作請小心。
2. 熱融膠溫度較高，黏合時小心熔化吸管。
3. 避免可彎吸管高於杯口（如右圖），否則倒再多水也只會從杯緣流出來。

親子大探索

* 水不斷倒入布丁杯的過程中，何時才會開始流到下層水杯？跟可彎吸管的高度有關嗎？請觀察圖示箭頭處。

* 當水開始從吸管流出後，你有發現水位到什麼高度才會停止排水？

關鍵字

連通管、虹吸現象

科學放大鏡

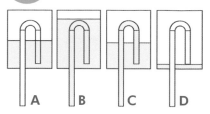

A　B　C　D

　　這個活動運用了2種科學原理。第一個是連通管的概念，把水倒進水管或相通的容器，當水靜止時，2個相通的容器，水面的高度會相同（圖A、圖B）。第二個是虹吸現象，即壓力差造成液體流動的現象。水位高低落差造成的壓力將水往上推，重力又將水往下拉，吸管中的水互相吸引，流向壓力小的地方，直到壓力平衡而停止流動（圖C、圖D）。生活中常見的熱水瓶剩水指示、馬桶排水、洗魚缸時換水的技巧，都是利用虹吸原理。

你還可以這樣玩

A　　B

將完成後的布丁杯套入透明塑膠杯，並在透明塑膠杯側邊用圖釘刺1個小孔用來平衡壓力。偷偷再告訴你一個新玩法，如果上下杯子密合度夠，還可以用手堵住圖釘刺的小孔，利用壓力差來控制流進下層杯子的水，真是十足的惡作劇啊。

5+

準備難易度：★ ★ ★
活動難易度：★ ★ ★

材料與工具

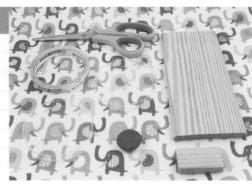

1. 塑膠培養皿2個
2. 黏土
3. 剪刀
4. 膠帶
5. 斜面

在地球上，所有東西都會往低處跑，這是大家習以為常，也符合科學原理的現象。但如果更深入了解這個科學觀念，你可以創作出看似有違常理的魔術表演。這個單元就是其中一例，且非常容易製作。

1. 取2個塑膠培養皿的器皿部分，將底部相對黏成輪子。（圖1~2）

2. 取約50元硬幣大小的黏土，揉成長條狀固定在其中一面的輪框內。（圖3~4）

3. 另外一面底部以色紙遮蓋。（圖5）

4. 表演時，將覆蓋色紙的那一面朝向觀眾，接著把輪子放在斜坡底部，黏土保持在上方靠近斜坡頂端處，約2點鐘方向。（圖6）

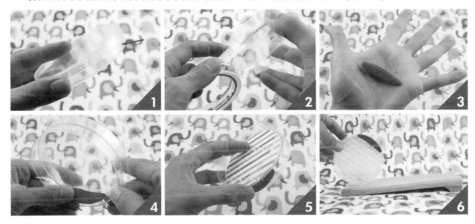

5. 手一放開，會發現輪子向斜坡上方滾動，在輪子改變滾動狀態前，另一隻手立刻扶住停止，就完成輪子看似向上走的神奇表演。

活動小幫手

1. 黏土的重量及斜面的坡度必須相互配合。黏土太多，滾動太快不易操作；黏土太少，可能會沒有足夠的力矩讓輪子向上滾動。

2. 斜面坡度不要太大，以視覺上能夠辨識即可；否則黏土重量不一定能產生足夠的力矩使輪子向上滾動。

　　每個物體在地球上受到重力作用，都可想像質量集中於一點，也就是我們所說的「重心」；當支點頂在重心位置時，物體較容易保持平衡，而重心越低，物體也越穩定。活動中，輪子立在桌上的點為支點，你會發現，只要黏土的分量適當（足以影響整個輪子的重心位置），當保持穩定不動時，黏土的位置一定是靠近底部；當你推動輪了，輪子最終還是會回到重心最低的穩定狀態。

　　生活中還有個常見的例子：進行相撲或拔河比賽時，選手們都是呈蹲低姿勢，這麼做也是為了降低重心，讓自己更穩定，以贏得勝利。

你還可以這樣玩

表演時，可反覆利用重心位置變化來控制滾動方向。可以先將輪子放在平坦面操作，看似變成聽話的輪子；接著放在斜面上表演，先讓輪子往下滾，讓觀眾以為輪子在斜面上就無法抵抗重力的作用而往下滾動；最後再使用先前的技巧，讓輪子往上滾動，製造認知衝突，會更有效果。

親子大探索

＊ 可以將黏土黏在輪子盤面上任何一個位置。試試看，滾動起來有什麼不同？

＊ 將輪子擺在斜面底部時，黏土的起始相對位置與斜面坡度有何關聯？

＊ 再試著改變黏土的重量，看看又會有什麼影響？

關鍵字

重心與平衡

16 飄浮風火輪

 8+

準備難易度：★★★
活動難易度：★★★

材料與工具

1. 圓形磁鐵6顆
（含中間有圓洞
的至少2顆）

2. 竹籤
3. 紙盒
4. 黏土
5. 剪刀

表演飄浮的手法很多，常見的是利用視覺錯視，或無需直接接觸物體就可以作用的力，例如風、靜電、磁力等等。其中，磁鐵是最容易取得與上手的工具。這個活動需要反覆嘗試才能成功，但做起來絕對不難。

1. 先用鉛筆在紙盒上畫線打稿，接著將方形紙盒剪出一個底座及側擋座。（圖1~2）

2. 將竹籤剪短至略小於紙盒寬度。（圖3）

3. 如圖將磁鐵套入竹籤兩端，同時使用第三顆磁鐵檢視，確認兩端磁鐵極性方向相同。（圖4~5）

4. 將做好的磁力輪軸放入紙盒，其中尖端靠在側擋，再用鉛筆在紙盒底座畫2條線做記號。（圖6）

5. 在2條記號線上分別以黏土固定2顆磁鐵，兩兩間距約比1顆磁鐵直徑略小，磁極的排列方向與磁力輪軸相同。（圖7～8）

6. 磁力輪軸尖端靠在紙盒側擋，將2組底座磁鐵的位置向右微調。（圖9）

7. 調整至適當位置，磁力輪軸會保持看似飄浮在空中。（圖10）

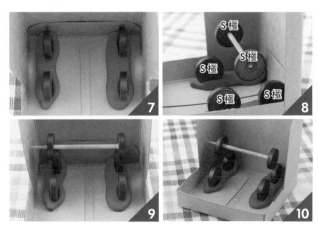

1. 組裝時留意磁極，讓磁極方向保持一致。
2. 進行最後平衡調整時，試著將2組底座磁鐵略往右移動半個磁鐵厚度的距離，再分別進行微調，較容易找到平衡點。

你還可以這樣玩

用吸管製作扇葉放在飄浮輪軸上，安裝時需特別留意整體平衡，才能飄浮在空中。用嘴巴一吹，就可以製作出名副其實的飄浮風火輪囉。

親 子 大 探 索

* 使用不同磁力強度的磁鐵，會有不一樣的飄浮效果嗎？

* 改變圖中標示紅線的磁鐵間距，對於平衡調整與飄浮高度有何影響？

關鍵字

磁力

科學放大鏡

　　磁鐵具有兩極，分別為南極和北極，同極靠近會相斥，異極會相吸。本活動利用底座的4顆磁鐵與旋轉軸的2顆磁鐵在排列上產生同極相斥，竹籤兩側之上下磁鐵組，磁極排列分布近乎對稱，再透過旋轉軸頂住側擋，達到力平衡而產生懸浮效果。

神奇便利膠

3+　準備難易度：★★★
活動難易度：★★★

材料與工具

**2本頁數較多、
頁面較大的書**

活動小幫手

1. 交疊的面積越大，效果越好，所以可以用頁數多、頁面大的書本。

2. 往兩側拉時，書本底部最好有支撐，避免書本因重力造成書頁散開。

誰說黏東西一定要用膠?這個單元要玩的「黏貼」技巧比便利貼還方便,隨時可以取下再相「黏」,而且絕對不沾手。

1. 將2本書頁交叉相疊。(圖1~2)
2. 完成後,抓住書背往兩側拉,會發現難以拉開,彷彿相「黏」在一起。(圖3)

你還可以這樣玩

這是一個跟摩擦力有關的科學表演,你也可以運用一樣的原理,用養樂多罐這類上窄下寬的瓶子裝滿米粒,再將筷子插入,慢慢的抬升,也會出現有趣的現象。

關鍵字

摩擦力

親子大探索

＊ 你可以試試看不同的交疊頁數、交疊面積,對於表演效果有何差異?

＊ 不同的紙質會影響呈現效果嗎?

科學放大鏡

摩擦力存在於兩接觸面間,為阻止物體相對運動的作用力。摩擦力的大小與接觸面的性質及作用在接觸面的力有關。例如,接觸面越粗糙,摩擦力越大;接觸面受的壓力越大,摩擦力也越大。書頁互相交疊時,其間會形成一個微小的夾角,當施力往兩側外拉,書頁夾角會變小,加大作用在書頁間的力,使摩擦力增加,讓2本書不易被拉開。摩擦力讓我們能在路面行走不滑跤,讓汽車能夠減速停止,但有些時候,我們卻又希望減少摩擦力,例如希望溜冰鞋滑動順暢時。

– Part –

3

科學園遊會 的經典關卡

還在煩惱園遊會要玩什麼遊戲嗎？本章嚴選10大經典科學關卡，讓你設計遊戲不無聊，闖關秀科學。

4⁺

準備難易度：★★★
活動難易度：★★★

材料與工具

1. 毛根
2. 可彎吸管
3. 直徑3公分保麗龍球

你看過緊張又刺激的電流急急棒闖關遊戲嗎?闖關失敗伴隨的聲光火花,引起圍觀民眾驚呼連連。這個單元是電流急急棒的改版,不會有強烈的聲光效果,取而代之的是挑戰者個氣喘吁吁,令旁人捧腹大笑。快來一起展開冒險吧!

1. 將半段毛根纏繞在可彎吸管較短的那一截。(圖1~2)

2. 將剩餘的毛根繞成一個可以接球的籃框。(圖3~4)

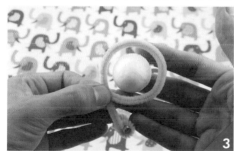

3. 把吸管彎成直角,保麗龍球擺在毛根籃框處。(圖5)
4. 用嘴巴慢慢吹氣,會發現小球飄浮起來卻不會掉出去。(圖6)

1. 盡量將籃框中心點調整在吸管正上方。

2. 孩子第一次玩時多半都會興奮的用力吹氣，這樣只會把球吹出籃框，並無法讓球停在半空中；可以試著把嘴巴鼓起來，以緩慢細長的方式吹氣，比較容易成功。

你還可以這樣玩

準備一張厚紙卡，裁幾個籃框當作關卡，然後將紙卡黏在牆面上，就成了很棒的闖關遊戲。快來挑戰你的肺活量，過五關斬六將吧！（可利用書末附贈的紙卡，輕輕鬆鬆樂趣多更多！）

親 子 大 探 索

* 試著用手扶住吸管移動浮球，你能不讓球掉下去嗎？

* 調整吹氣氣息，試著將吸管傾斜，讓球浮在空中不掉落。

關鍵字

康達效應

科學放大鏡

　　吹氣氣流經過小球時，會沿著球體表面流動，因此小球會被困在氣流中。這現象稱為「康達效應」。此外，我們對小球吹氣時，氣體會給小球一個向上的力量，這股力量與重力達到平衡時，小球就會飄浮在半空中；當你將吸管傾斜吹氣，氣體的推力 F 給小球在垂直方向的分力 f2 小於重力 G 時，就會掉落。

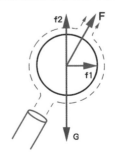

19 投彈大戰

 5+

準備難易度：★★★
活動難易度：★★★

材料與工具

1. 冰棒棍6支
2. 橡皮筋4條
3. 絨毛球數顆
4. 瓶蓋
5. 泡棉膠

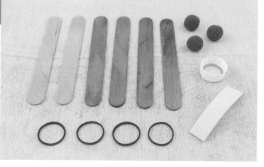

投擲遊戲一向是夜市或園遊會攤位的熱門項目，這個關卡要利用冰棒棍製作簡易的投彈器。將絨毛彈投入指定目標看似簡單，卻需要經過反覆射擊與修正，才能夠命中紅心。聽說這關是票選人氣王，快點一起來玩吧！

1. 用橡皮筋將4根冰棒棍兩端棍綁在一起。（圖1）
2. 另外2根冰棒棍也用橡皮筋綁住一端。（圖2）
3. 如圖將2根冰棒棍未綁住的一端套入4根冰棒棍中段，形成十字。接著用橡皮筋將步驟1、2製成的冰棒棍固定在一塊。（圖3～4）

4. 如圖在距離冰棒棍末端1公分處貼上泡棉膠並黏上瓶蓋，簡易投彈器就完成囉。（圖5～6）
5. 在瓶蓋內放入絨毛球，發射前一手按住基座，另一手食指按下冰棒棍後彈射。（圖7）

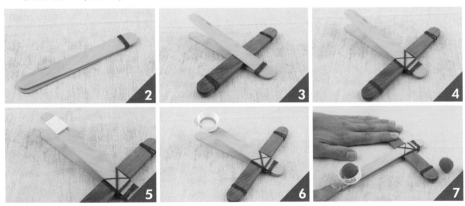

親子大探索

改變位置

增加冰棒棍總厚度

* 改變十字固定位置或加更多支冰棒棍，都會改變拋射的角度與力量。你可以試試會有什麼不一樣的變化。

* 換投擲其他小物，觀察拋射路線的變化。

箭頭處的橡皮筋需繞緊，發射才會有力量。

槓桿原理

拋體運動、彈力

發揮創意，利用紙盤、紙杯或彩色套圈圈等當作目標，多人一起遊戲、輪流投擲，用抽籤方式決定投擲目標、累計分數，也可以是很不錯的親子桌遊喔。

這個簡易的拋擲器結合了多項科學原理：利用槓桿原理設計整體結構，運用冰棒棍及橡皮筋的彈力來做彈射，絨毛球拋射後的軌跡可以觀察拋體運動。

槓桿的結構是將一根長棒放在一個支撐點，且可以繞著支撐點旋轉，又依據施力點、抗力點、支點三者相對位置的變化，而有不同的槓桿類型，主要目的在省力或省時，以及改變力的作用方向。

本單元的「施力點」是手指按壓的地方，「支點」是冰棒棍十字交疊以橡皮筋捆繞處，「抗力點」是放絨毛球的地方。抗力點與支點距離越長，拋射力量就越大，但想要拋得遠還關係到拋射的角度。冰棒棍下壓後釋放彈力位能轉化為動能，使絨毛球拋射出去；拋射的角度關係到水平及垂直方向的動能：水平動能決定拋射距離，垂直動能決定拋射高度。

20 空氣砲之終極標靶

材料與工具

1. 紙箱2個
2. 彩色紙杯
3. 棉繩
4. 迴紋針
5. 封箱膠帶
6. 剪刀
7. 美工刀
8. 鑿子
9. 圓規刀
　（或圓規）

保齡球瓶不是用球擊倒嗎？怎麼忽然一陣空穴來風，打翻了一堆彩色球瓶？

1. 選擇紙箱任何一面，在中心處挖一個直徑約8公分的圓洞。（圖1）
2. 用封箱膠帶將紙箱所有縫隙黏貼牢固，空氣砲就完成了。（圖2）

3. 接著開始製作標靶。用鑿子在每一個紙杯底部鑽洞。（圖3）
4. 剪6段長約50公分的棉繩，分別以鑿子輔助穿過紙杯底部。（圖4）

5. 從紙杯內側穿過迴紋針並打結。（圖5~6）
6. 拿取另一個紙箱，將6個紙杯排在上頭，並做上記號。（圖7）

7. 每個紙杯所在位置的中心點用鑿子鑽洞。（圖8）

8. 用鑿子輔助將每條繩子穿過紙箱，然後依相對位置排列紙杯。（圖9~10）

9. 將整束棉繩打結，標靶即製作完成。（圖11）

10. 用空氣砲瞄準標靶，用力拍打箱體，就能擊倒標靶。杯子倒下後，拉繩就能回復原位。（圖12）

活動小幫手

1. 如果要用在園遊會等人數眾多的場合，請選擇更耐用的紙箱，並且多包裹幾層膠帶。

2. 不同大小的紙箱，拍打出的氣流力道也不同，可針對需求選用。

關鍵字

壓力

親子大探索

* 你能想像空氣砲發射後，氣流是怎麼運動的呢？點一把香，讓煙霧充滿箱體，拍打後進行觀察。

* 若想嘗試上述實驗方式，請在通風的地方進行，因為煙霧可能會熏得讓你受不了。

如果你想製作更堅固、威力更強的空氣砲，可以找個大一點的塑膠桶，比如塑膠油漆桶。先將桶子底部挖一個小圓洞，作為空氣砲砲口，上蓋則是裁切到只剩外圍圓框，留待作為固定布面用。（圖A~B）在桶子底部周圍鑽4個小洞，孔徑以能夠穿過粗橡皮筋為原則，接著以迴紋針作為擋片，固定橡皮筋。（圖C）然後製作布面，剪一塊直徑比桶徑大的雨傘布，圓心處黏上一塊直徑約5公分的塑膠盤（可用裁切下來的蓋子製作），中心鑽孔讓4條橡皮筋可以穿過去，最後用個拉環固定橡皮筋就完成囉。（圖D~F）

科學放大鏡

　　箱體內部的空氣受到擠壓，通過小開口時，開口中心的空氣流速比周圍空氣流速快，造成快速旋轉而成為煙圈狀（請參考本單元影片）。由於空氣保持在煙圈中，沒有四處散開，因此可以前進很長的距離。

材料與工具

1. 光碟片
2. 氣球
3. 藥水瓶子
4. 剪刀
5. 泡棉膠
6. 圖釘

你有玩過夜市的推啤酒杯遊戲嗎？當你能夠掌握推杯子的力道與桌面摩擦力的巧妙平衡，就能獲得大獎。這個單元一樣是利用摩擦力原理來設計，但力道相對輕鬆很多，小心別推過頭囉。

1. 用圖釘及剪刀分別在瓶蓋挖出直徑約2公厘的小洞，瓶身底部則是直徑約5公厘的孔洞。（圖1）

2. 剪一塊方形泡棉膠黏在光碟片的中心圓孔處，需注意不要黏貼在光碟片的平整面上。（圖2~3）

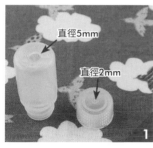

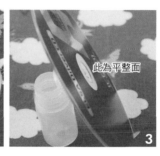

3. 用圖釘在泡棉膠中心刺個直徑約2公厘的小洞。（圖4）

4. 將瓶蓋與泡棉膠的小洞對齊後黏上。（圖5）

5. 將氣球套在瓶身底部。（圖6）

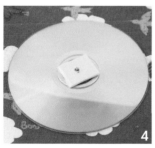

6. 從瓶口對氣球吹氣後，扭轉氣球使氣不外洩，也可先用夾子夾住。（圖7）

7. 將瓶身與黏在光碟片上的瓶蓋旋緊，小心別讓氣球洩氣了。（圖8）

8. 找一處平坦面，將光碟片平放，讓氣球開始洩氣，飄移氣墊盤就完成囉！（圖9）

9. 模仿夜市的推酒杯遊戲，在桌面設置起、終點，將氣墊盤推至指定區域就過關囉！（圖10）

 活動小幫手

1. 光碟片與桌面需平整，否則氣球洩氣形成的氣墊層不均勻，會影響活動效果。

2. 進行飄移氣墊盤的遊戲時，氣球大小會直接影響洩氣的時間以及氣球移動的距離。要能夠準確停在指定區域，就得找出適合的氣球大小，並配合推動的力道。

親子大探索

＊推一推，比較有無氣墊作用時，氣墊盤在桌面的移動效果。

＊底部開洞的大小，對於氣墊盤飄移的時間與距離有何影響？

關鍵字

摩擦力

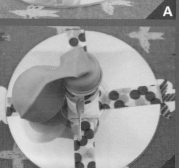

飄移氣墊盤都是靠手推動才能前進嗎？試著在瓶子側邊鑽一個小洞，接上可彎吸管，再用釘書機將出氣口變小，增加噴氣時間，利用噴氣的反作用力讓氣墊盤前進，就變成噴射氣墊船；也可以調整噴氣口角度，進行花式旋轉。（圖A~C）

科學放大鏡

　　摩擦力存在於兩接觸面間，能阻止物體發生相對運動，其大小與接觸面的性質及作用在接觸面的力有關；換言之，如果能讓兩物體不直接接觸，摩擦力就會減小很多。本單元就是利用氣球洩氣時，在光碟盤底跟桌面間形成空氣層，彼此僅剩與空氣間的摩擦力，空氣阻力相對非常微弱，因而光碟盤可以輕易在桌面飄移。生活中的交通工具氣墊船，也是運用相同的原理。

5⁺

準備難易度：★ ★ ★
活動難易度：★ ★ ★

材料與工具

1. 清潔劑   5. 衣架
2. 膠水   6. 紗布繃帶
3. 清水   7. 量杯
4. 花皿

泡泡對任何人都非常具有魔力，尤其大泡泡更是讓孩子愛不釋手。坊間的特殊泡泡價格昂貴，其實泡泡的基本成分在生活中隨處可得，本單元分享私房調配比例供參考，也歡迎大家一起來挑戰。

1. 將清潔劑、膠水、清水以1：3：1的比例調配，攪拌均勻倒入花皿，容量深度至少1公分。（圖1~2）
2. 將衣架折成一個小圈，大小配合花皿。（圖3）

3. 在小圈繞上一層紗布繃帶，做成拉泡泡用的框架。可先在把手交接處打一個結，然後開始纏繞。（圖4~6）

4. 拉泡泡前，需先把框架上的紗布沾滿泡泡水。（圖7）
5. 慢慢拉起，確認泡泡膜出現在框架上。（圖8）
6. 拿著泡泡框架走動或輕輕揮動，大泡泡就出現囉。（圖9）

1. 清潔劑的添加比例會依廠牌有所不同，可適度調整。
2. 水質會影響泡泡效果，避免使用有雜質的水或是硬水。
3. 膠水可以增加泡泡的延展性，也可以用甘油替代。
4. 泡泡破裂時會留下些許的殘膠薄膜，用水就能清洗乾淨。
5. 最好在戶外粗糙的地面上遊戲，以免泡泡水殘留地面造成濕滑跌倒。

親子大探索

＊ 調整清潔劑、膠水、清水比例，你的特調泡泡水能成功嗎？

＊ 泡泡框如果不是圓形，吹出來的泡泡還會是圓形嗎？

你還可以這樣玩

（正常）A（太稀）B C D

在布丁杯中裝入壓克力顏料，用少許的水稀釋，再加入適量清潔劑。用吸管對顏料泡泡水吹氣，你會發現泡泡染上顏色；如果沒有，則需要再增加顏料濃度（圖A為正常，圖B為太稀）。最後，趁泡泡還沒消失前，拿圖畫紙蓋到泡泡上，泡泡就會拓印在圖畫紙上（圖C~D）。你可以準備多種顏色的顏料，完成一幅繽紛泡泡畫。

關鍵字

界面活性劑

表面張力

科學放大鏡

　　水的表面張力源自水分子間的吸引力，加入清潔劑會破壞表面張力，讓水分子間的吸引力降低，使肥皂水可以形成薄膜。當我們對薄膜吹氣，薄膜向內的表面張力與內部空氣向外推的壓力達平衡時，泡泡就產生了。泡泡總是呈圓球狀也是表面張力的關係，這種吸引力會讓液體傾向形成表面積最小的形狀，而球形正好最符合這個原則。

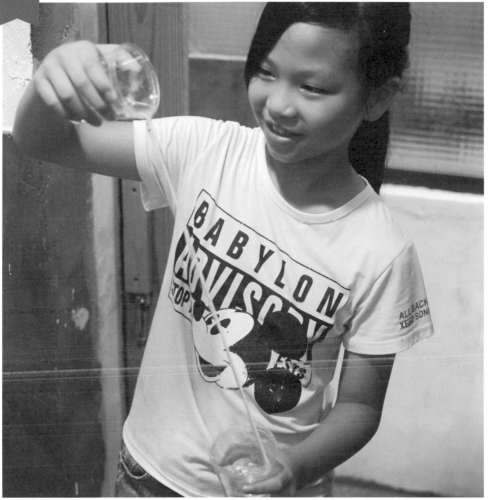

材料與工具

1. 塑膠杯2個
2. 棉繩
3. 熱融膠

你有看過販賣拉茶的小販,用2個杯子將茶倒過來倒過去嗎?據說茶「拉」得越長,泡沫就越多,也越好喝。今天,我們請到賽先生來教大家玩另類的科學拉茶,運用一點科學原理,讓你想「拉」多遠都不是問題。

1. 剪一段長度約60公分的棉繩。(圖1)

2. 用熱融膠將棉繩兩端分別黏在2個塑膠杯的內緣。(圖2~3)

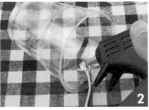

3. 在其中一個杯子加入半杯水,操作前先將整段棉繩浸濕。(圖4)

4. 接著舉起裝水的杯子,繩子沿著杯口拉直,緩慢將水從高處倒下,你會發現水沿著棉繩流入空杯,且不會滴出來。(圖5)

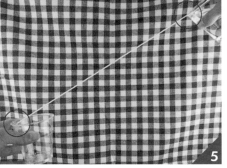

親 子 大 探 索

* 如果繩子沒有浸濕就進行操作,能夠成功嗎?

* 試試不同粗細的棉繩,效果有何差異?

* 可以更換其他材質的繩子來進行遊戲。

關鍵字

內聚力

附著力

1. 倒水時務必靠著棉繩出水，接水杯的棉繩一定要連入杯子內緣，否則水可是會直接流到地上喔。（圖A~B）

2. 較粗的棉繩會比較容易成功。

你還可以這樣玩

挑戰你的穩定度，看看在限定時間內，能完成幾杯賽先生拉茶。

科學放大鏡

　　分子與分子間有作用力存在，同種物質裡的分子間彼此的作用力為「內聚力」，不同物質的分子間的作用力為「附著力」。這個活動是藉由水與棉繩的附著力，以及水分子間的內聚力的共同作用，讓水沿著繩子流入杯中。

　　生活中偶爾會遇到需要將液體倒入窄口瓶內的情況，這時可以將筷子放入窄口瓶內，且不碰到瓶口，再讓液體沿著筷子流入瓶中，而不會漏得滿地。

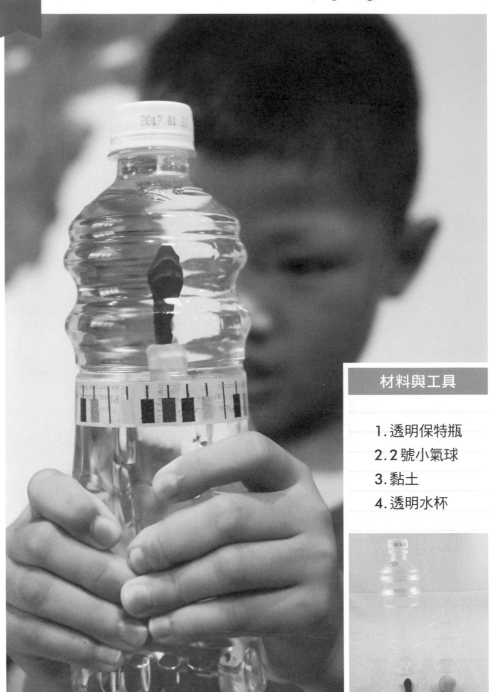

24 深海潛航

  準備難易度：★★★
活動難易度：★★★

6+

材料與工具

1. 透明保特瓶
2. 2號小氣球
3. 黏土
4. 透明水杯

「遇到敵人攻擊！準備下潛……」這不是真的戰爭場景，而是小瓶罐的科學遊戲，利用回收保特瓶加上幾個文具店就可以買到的材料，就能做出一艘潛水艇，任由你控制沉浮。快來一起當艦長完成深海潛航的任務吧！

1. 將小氣球打一個結，留一點氣體在裡面。（圖1）
2. 在打結的地方包附黏土。（圖2）

3. 接著放入水杯中測試，調整黏土重量，使氣球頂端剛好露出水面就完成氣球潛水艇。（圖3）
4. 在保特瓶中裝滿水後，將氣球潛水艇放入，並旋緊瓶蓋。（圖4）
5. 按壓瓶身，可觀察到氣球潛水艇下沉。（圖5）

活動小幫手

1. 年紀較小的孩子，可使用軟一點的瓶身，較容易施力。
2. 黏土量是影響氣球潛水艇沉浮的關鍵。因為氣球已經打結，浮力是固定的，當黏土量越多，潛水艇沉在水中的體積越多；如果黏土量過多，則會直接沉到水底，此時減少黏土量即可。先在水杯進行這個動作，可省去反覆從保特瓶內取出氣球潛水艇的困擾。（圖A~B）
3. 因為空氣可以被擠壓，但水無法被壓縮，所以保特瓶盡量裝滿水，按壓瓶身時，壓力才會完全施予氣球潛水艇，減少力氣的浪費。（圖C）

浮力大於重力

重力大於浮力

＊緩慢用力按壓瓶身，觀察氣球潛水艇的氣球大小有無變化？

＊你能讓氣球潛水艇維持在固定深度嗎？

浮力

浮沉子

你還可以這樣玩

A

B

C

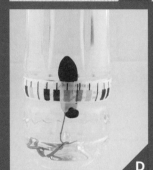
D

你可以用迴紋針在氣球潛水艇底部加個小鉤子，並重新調整配重，就可以玩潛水艇打撈遊戲（圖A~C）；但提醒你，要確認潛水艇的浮力大於打撈的物品，否則可是會把潛水艇困在底部的。（圖D）

你可以從網路找到關於「浮沉子」的其他簡易作法，有興趣的朋友不妨利用吸管、筆蓋、滴管等物品試試看，發揮一點創意還可以做出花式表演喔。

科學放大鏡

物體在水中，會受到一個向上的作用力，稱為「浮力」，該力與物體體積有關。浮力的方向與物體所受重力的方向相反，能夠支撐物體部分的重量。若浮力大於物體重量，物體會浮在水面；反之，則下沉。氣球潛水艇內的空氣提供了大部分的浮力，再透過黏土配重，調整到適合操作的平衡狀態。按壓瓶身時，瓶內水壓增加擠壓氣球，使得氣球體積縮小，浮力降低到不足以支撐潛水艇重量而下沉；放開瓶身時，瓶內水壓降低，氣球體積回到原來狀態，使氣球潛水艇浮上水面。

25 人力抽水機

  8+

準備難易度：★★☆
活動難易度：★★☆

材料與工具

1. 直徑約2.5公分的塑膠水管
2. 水桶
3. 水

你還可以這樣玩

找個空曠的場地，分組來打一場抽水機戰吧！

科學放大鏡

當水管上端開口被手掌抵住變成密閉狀態，此時水管內的水受到大氣壓力頂住不會流出。當手速迅上移，手掌離開水管上端開口的瞬間，管內的水因慣性不會馬上流下來，因而移動上去。

關鍵字

大氣壓力

這個活動絕對適合用在炎炎夏日的校園園遊會。有點難又不會太難的抽水挑戰，成功後噴得滿身是水，絕對能讓參與的同學開懷大笑、涼快一下。

1. 在水桶裝入半滿的水。

2. 將水管插入水桶中，一手握住水管，一手以掌心蓋住水管上端開口，使空氣無法進入管內。（圖1）

3. 向上提起水管後，迅速將水管向下移動，掌心暫時放開後，再迅速蓋住水管開口。（圖2~3）

4. 反覆操作上述動作，就能將水桶中的水抽取出來。（圖4）

活動小幫手

1. 水管直徑及長度需配合操作者，本單元使用的水管直徑約2.5公分、長60公分。

2. 掌心跟著水管提起後，只有水管向下移動，之後再將掌心迅速蓋回管口。這個技巧需要多加練習。

3. 用透明水管較易於觀察抽水的作用情形。

親子大探索

＊ 想一想，掌心的功能是什麼？為什麼配合擺動節奏就能把水抽出來呢？

＊ 傳統抽水機的構造，跟這個單元有什麼相似之處呢？

準備難易度：★★☆
活動難易度：★★☆

5⁺

材料與工具

1. 書面紙　　4. 美工刀
2. 彈珠　　　5. 黏膠
3. 直尺

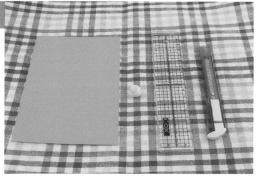

孩子多半會受到「看似自己動起來」的過程吸引。這是個利用重心改變造成連續翻滾的小遊戲，讓孩子從遊戲中探索重心與滾動的科學現象。

1. 依參考圖尺寸畫在書面紙上，接著沿著外框裁切下來。（圖1~2）

2公分	13公分

2公分			
3.5公分			

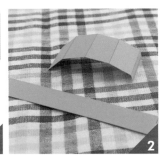

2. 取寬度為3.5公分之長條紙，沿線彎折黏成長方盒。（圖3）

3. 將長方盒黏在寬度2公分之長條紙中段，頭尾片段可略微彎折成弧面。（圖4）

4. 將彈珠放入長方盒中，依圖示黏合就完成翻滾地鼠了。（圖5~6）

5. 放在斜面高處，翻滾地鼠會向下翻滾。（圖7）

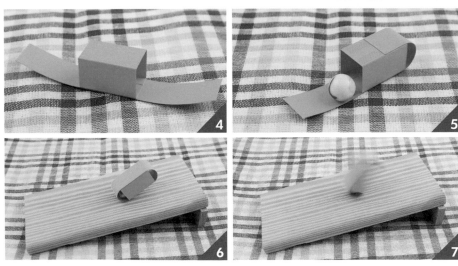

親子大探索

＊你可以換更大顆的彈珠，紙盒也跟著做大，比較看看玩起來效果有什麼不同？

你還可以這樣玩

你可以找一塊板子，設定一個目標區，藉由雙手360度傾斜操控，讓翻滾地鼠停在目標區。或者準備一個斜坡，在斜坡底部放置質量較輕的目標物，操作者從上方放置翻滾地鼠，像進行保齡球比賽。

活動小幫手

1. 弧面可利用鉛筆輔助彎折。
2. 如果無法翻滾，請確認彈珠是否能在紙盒內順暢滾動；再確認斜面是否太光滑，導致摩擦力不足而滑落，此時可以鋪一張報紙或是較粗糙的表面增加摩擦力。

科學放大鏡

翻滾地鼠外盒為紙張，內部為質量較大的彈珠，整體的重心集中在可移動的彈珠上。擺在斜面時，彈珠向低處滾動使翻滾地鼠重心不斷轉移，造成連續翻滾動作。

關鍵字

重心

準備難易度：★★★
活動難易度：★★★

材料與工具

1. 乒乓球
2. 投影片
3. 圖畫紙
4. 硬卡紙
5. 水
6. 美工刀

你還可以這樣玩

可自行設計迷宮關卡難易度，並在路徑上做些裝飾，讓孩子一關一關挑戰。

親 子 大 探 索

* 除了投影片以外，你覺得還有其他材質可以拿來玩嗎？

* 如果把水換成其他液體，還有沒有辦法旋轉？

有用乒乓球玩過密室逃脫嗎？逃出迷宮的過程，乒乓陀螺一陣天旋地轉，希望你沒跟著頭暈。

1. 用美工刀將乒乓球切半。（圖1~2）
2. 在圖畫紙上畫出迷宮。（圖3）
3. 以硬卡紙當底，依序放上圖畫紙，最後放上投影片。（圖4~5）
4. 在乒乓球跟投影片之間滴上一滴水。（圖6）
5. 開始傾斜投影片，你會發現乒乓球片像陀螺般開始旋轉。（圖7）
6. 試著將讓乒乓陀螺走出迷宮吧！

科學放大鏡

在乒乓球跟投影片之間滴上水之後，由於水具有流動性，且對不同物質間具有附著力，使得水流動過程中，對乒乓球底部產生不對稱的力，造成旋轉的力矩。

活動小幫手

1. 切乒乓球比較危險，年齡較小的孩童，務必請大人協助。
2. 水的多寡會影響轉動效果。

關鍵字

水的附著力

力矩

- Part -

4

動起來的
小玩意

莫名其妙動起來的小玩意總是引人好奇，想要探究它的設計，這絕對是個做中學的精彩章節，趕緊動手來挑戰。

6+

準備難易度：★★★
活動難易度：★★★

材料與工具

1.150磅西卡紙
2.斜面
3.刀片（或剪刀）
4.尺

一張紙也可以做出能夠步行的仿生小馬機器人，這到底是怎麼一回事？動手做了就知道。找一面斜坡，讓小馬盡情奔跑吧！

1. 參考圖示，在西卡紙上畫出小馬線稿，長寬各分為三等分。圖中實線為裁切線，虛線為彎折線。（圖1）

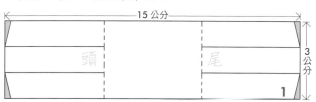

2. 沿著虛線，將身體折角。（圖2）

3. 頭與尾巴可以自己設計造型。（圖3）

4. 放在斜面頂端上，側向輕推，你會發現小馬左右搖擺步行下來。（圖4）

親 子 大 探 索

* 觀察小馬步行時，身體的動作與步伐，試著描述小馬動起來的原因。

* 有注意到小馬腳底的斜度嗎？如果改變斜度還能走動嗎？

* 也可以將腳底斜度改為弧形，走起來會比較順嗎？

1. 紙張至少選用150磅西卡紙，效果較好。

2. 斜面不要太光滑，必要時鋪張平坦報紙或細砂紙皆可。

3. 如無法下坡，可檢查下面幾點：

（1）平面站立時，兩腳底斜面是否對稱或剪得太斜。（圖A）

（2）腳部彎折與身體垂直，再略向外開。（圖B）

（3）確認斜面坡度，再慢慢增加傾斜度，直到小馬動起來。

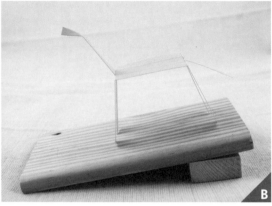

A

B

關鍵字

摩擦力、重力

你還可以這樣玩

把握設計製作原則，改變造型做成其他動物，再準備大面的斜坡，玩一場動物下坡馬拉松。

科學放大鏡

　　這是利用摩擦力與重心轉移所造成的移動效果。你有發現嗎？小馬腳底的些微斜度，讓手一推即會左右搖擺；當小馬站在斜面上，傾斜一邊時，一側腳底因摩擦力而停駐，另一側的腿騰空後，因重力作用使小馬身體向下移動，騰空的腿也跟著跨步，如此反覆左右搖擺的動了起來。

企鵝杯杯

8⁺

準備難易度：★★★
活動難易度：★★★

材料與工具

1. 7盎司紙杯　　4. 剪刀
2. 打包帶　　　5. 美工刀
3. 長尾夾　　　6. 斜面

這個單元做的成品可說是最環保的自走機器人了，材料幾乎全取自生活中的回收物，趕緊來試一試。

1. 紙杯底部用刀片挖空。（圖1）

2. 將底部捏扁呈一直線，並將紙杯塑成肉粽形狀，杯口呈弧形。（圖 2~3）

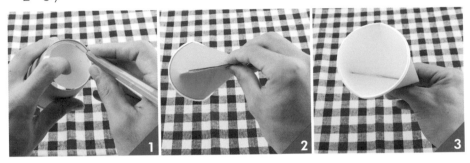

3. 剪一段適當長度的打包帶。（圖4）

4. 將打包帶用長尾夾固定在杯底捏扁處中央，其長度需超出 杯底約0.2公分。（圖5~6）

5. 放在斜面上輕推後，開始前後搖擺下坡。（圖7）

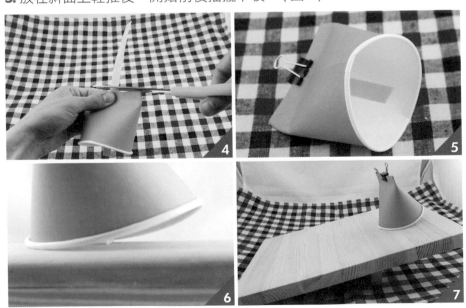

1. 選用硬一點的紙杯效果較好。
2. 彈性較軟的打包帶比較容易成功。
3. 杯子塑形時盡量對稱，並且將紙杯黏合接邊留在前面或後面位置。（圖A）

A

親子大探索

* 試著用不同款式的紙杯來製作，你能發現讓杯子成功下坡的關鍵在哪裡嗎？太軟、太輕的紙杯都不容易成功喔。

* 紙杯本身重量就輕，彈性較硬的打包帶，不容易形變造成回彈擺動效果。你可以蒐集幾款不同的打包帶來實驗看看。

你還可以這樣玩

試著調整打包帶凸出杯底的長度，及對應的斜面坡度，就能控制杯子下坡速度；掌握技巧後，可以比賽誰走得快，或來場「比慢大賽」。

關鍵字

重心

科學放大鏡

　　杯子擺動時，整體重心與地面接觸的支點之相對位置會隨之改變。在往斜面下方擺動過程中，重心不能超過打包帶與地面接觸的支點位置，否則會向前傾倒；接著，因為重心仍偏後方，弧形杯口使得杯子後傾且略微抬升，再次給予向下擺動的能量，如此往復擺動，就像小馬自己會走路下斜坡一樣。

材料與工具

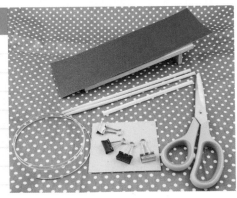

1. 長尾夾
2. 厚紙板
3. 免洗筷
4. 吸管
5. 鋁線或鐵絲
6. 粗糙斜面
7. 剪刀
8. 膠帶（非必要）

只要利用夾子就可以製作機器人？真有那麼簡單？你沒有看錯，這個單元要教大家製作最簡單的二足步行機器人。它製作簡單，調整起來卻有點挑戰性，不過機器人動起來時的成就感，絕對會讓你上癮。

1. 裁切2片長寬約2.5公分×1公分的厚紙板，以長尾夾夾住。（圖1~2）

2. 依圖示把吸管穿過2組長尾夾鐵圈，並確認鐵圈可以在吸管上順暢轉動。（圖3）

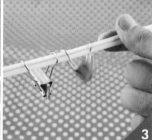

3. 將2根免洗筷套入吸管，位置保持左右對稱，如會鬆脫可用膠帶黏貼於交接處。（圖4）

4. 用鋁線或鐵絲做成套環固定於長尾夾兩側，使2個夾子保持在中間，且不影響長尾夾擺動。（圖5）

5. 免洗筷兩端夾上長尾夾作為配重，並再次確認左右重量平衡。（圖6）

6. 將夾子機器人放在斜面上，輕輕撥動機器人就會開始走下斜坡。（圖7）

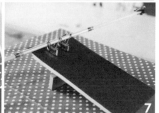

1. 吸管口徑需配合長尾夾，使長尾夾能夠順暢擺動，但不會偏擺。（圖A）

2. 斜面坡度的設定與材料重量有關。坡度太斜，夾子機器人會往前傾倒；坡度不夠，則無法提供機器人足夠的前進動能。過程中會需要多次嘗試調整坡度。

3. 機器人能夠順利行走，但步行路線歪斜的話，可嘗試調整左右兩側夾子至中心點的距離，路線會往力矩大的一側偏移。（圖B）

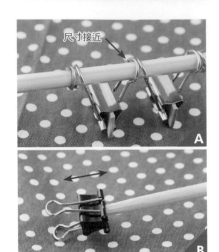

尺寸接近

A

B

你還可以這樣玩

一定要用一樣的夾子嗎？那可不一定，還可以用生活周遭容易取得的材料，例如曬衣夾及烤肉串竹籤。利用一樣的原理，你也可以設計出能夠步行的夾子機器人。

親子大探索

* 仔細看看，當機器人向右擺動時，左腳是什麼動作？想一想，是什麼力量造成的？

* 調整平衡筷的長度，步行又會有什麼不同的效果呢？

關鍵字

摩擦力、重力

　　這個單元應用的原理跟單元38相同，都是利用摩擦力與重心轉移所造成的移動效果。差別在於，單元38是利用腳底的斜面產生左右擺動，本單元是利用長桿產生擺動。

31 黃色小鴨游游趣

  準備難易度：★★★
活動難易度：★★★

材料與工具

1. 塑膠瓦楞板   4. 泡棉膠
2. 吸管   5. 剪刀
3. 棉繩

想讓小玩具動起來，巧妙的運用摩擦力就可以了！這個創作對小孩來說很容易完成，也非常有趣。

1. 剪下2段泡棉膠，以八字型相貼在剪成小鴨形狀的瓦楞板上。（圖1）

2. 剪下2小截吸管，黏到泡棉膠上。（圖2）

3. 將棉繩穿過2根吸管後打結成一繩圈，接著將小鴨移到繩圈中間。（圖3）

4. 雙手虎口穿過繩圈，揮動雙手，小鴨就動了起來。（圖4）

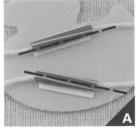

活動小幫手

1. 八字型吸管黏貼時，請記得留些開口，同時避免2截吸管太過平行。（圖A）

2. 棉繩末端散開會不容易穿過吸管，可以先用膠帶纏繞。（圖B）

* 你有留意到小鴨前進的方向跟八字型吸管黏貼方向的關聯嗎？

* 做2～3組不同角度的八字型夾角，試試看動作有何差異？

你還可以這樣玩

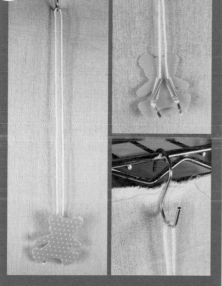

換個瓦楞板造型，比如小熊，接著依圖示黏貼吸管並完成繩子末端打結方式，再準備個掛鉤，將繩圈掛在吸盤上。左右手分別握住小熊下方繩圈左右2段繩子，雙手一左一右輪流向下拉動，小熊就會慢慢往上爬。

科學放大鏡

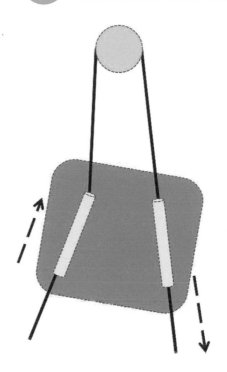

左右輪流拉動繩子時，單邊棉繩受吸管折彎，所受的摩擦力比另一邊未被折彎的棉繩大，左右兩側的摩擦力輪流作用，小鴨就會往上爬。

關鍵字

摩擦力

9[+]

準備難易度：★★☆
活動難易度：★★★

材料與工具

1. 厚紙板   5. 鑿子
2. 棉繩   6. 美工刀
3. 牙籤   7. 瞬間膠
4. 橡皮筋

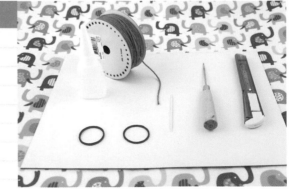

拉動繩子，紙偶的手腳就會順著繩子向上爬。乍看之下藏著的玄機，其實只是利用你我都知道的摩擦力讓它動起來。

A 先做出紙偶的身體與四肢。

1. 在厚紙板上畫出長16公分、寬2公分的長方形，並如圖畫出32個邊長為1公分的方格，接著剪下來。（圖1）

2. 參考照片尺寸裁切，並依照紅色圖示進行標註，此時紙偶的雙手、雙腳及身體輪廓已經成形。（圖2）

B 完成組裝紙偶前需先鑽好的孔洞。

3. 標註紅點的位置用鑿子鑽洞，孔洞大小約為牙籤直徑；鑽完洞後，利用鑿子鐵棒處將孔洞突起的毛邊壓平，再將牙籤穿過去。（圖3~4）

4. 身體與腿部相連的孔洞要比牙籤略大，讓牙籤可以順暢轉動。（圖5）

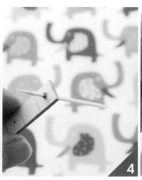

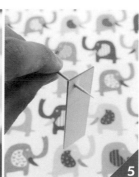

5. 參考圖示位置，切出可以鉤入橡皮筋的溝槽。（圖6）

C 將紙偶的身體與四肢組裝起來。

6. 在身體斜線區域塗上瞬間膠，將其中一隻手黏上去，橡皮筋溝槽朝上；接縫處可以再塗點瞬間膠補強。（圖7~9）

7. 身體另一側同一位置黏上另一隻手，需注意雙手位置要對齊。（圖10）

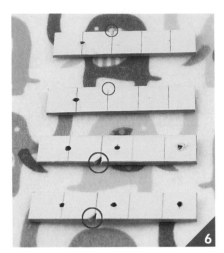

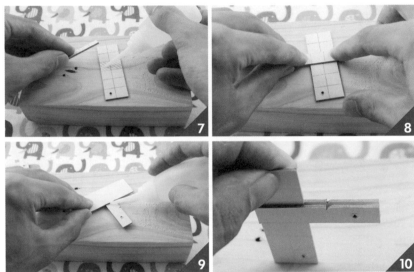

8. 將牙籤穿過兩隻手的洞，剪去外露部分再用瞬間膠固定，紙偶的雙手皆上膠。（圖11~13）

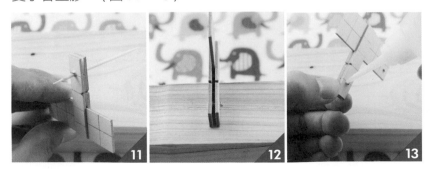

9. 確認腿部與身體連接處，橡皮筋溝槽朝下；先將牙籤黏上其中一隻腳。（圖14）

10. 再把牙籤穿過身體，作為腿部活動轉軸；將另一隻腳對齊後穿過竹籤相黏。這個步驟需注意瞬間膠不可滲入身體，反覆確認雙腳可以順暢擺動。（圖15～17）

11. 剩下手腳3個洞，用牙籤穿過後修剪多餘長度，再以瞬間膠固定。（圖18）

12. 操作至此，請確認紙偶的手部不會動，腿部可以擺動。

D 最後穿上讓紙偶攀爬的棉繩。

13. 依圖示將棉繩穿過手腳，並在紙偶手部纏繞橡皮筋，以包覆摩擦棉繩。橡皮筋纏繞方法如圖示。（圖19～21）

14. 手腳以橡皮筋連接。（圖22）
15. 繩子向下拉動，紙偶即可上升；收放之間，就會看到紙偶一步一步向上爬。（圖23）

活動小幫手

1. 為避免紙偶結構過軟，請選擇材質較硬的厚紙板，也可以用冰棒棍取代。
2. 使用瞬間膠的好處是黏合速度快也較堅固，但黏合時請酌量使用，避免不慎將腿部與身體黏在一起。
3. 瞬間膠可少量分次塗抹，避免紙偶的身體與腿部接合處被黏死無法轉動。
4. 離紙板邊緣較近的洞，在鑿洞時要小心，以避免紙板變形。

你還可以這樣玩

設計不同造型的紙偶來比賽，甚至可以調整孔洞位置，或改用木板來製作，會更堅固喔。

親子大探索

* 你有觀察到紙偶在上升時，繩子與紙偶是如何作用？
* 連接手腳的橡皮筋的功能是什麼？
* 綁在手上的橡皮筋的功能是什麼？

關鍵字

摩擦力

科學放大鏡

　　你有仔細留意繩子繞過紙偶手腳的方式嗎？紙偶雙手綁上橡皮筋，使得手部稍能抓緊繩子，但仍能滑動；當你向下拉繩時，繩子繞進腿部的2個牙籤，腿部產生的摩擦力比雙手大，給予反作用力推動紙偶向上爬升；鬆手時，穿過腿部的繩子不再緊繞，相對來說，此刻雙手的摩擦力較大，綁在紙偶身上的橡皮筋把腳上抬，紙偶就在繩子一拉一收之間向上爬升。

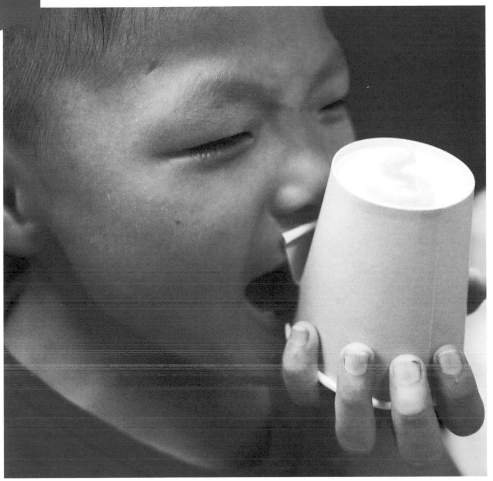

材料與工具

1. 紙杯
2. 毛根
3. 剪刀

聲控不一定要藉由高科技才能辦到，掌握最基本簡單的科學概念，你也可以嘗試用「聲控」讓東西動起來。

1. 剪取半截毛根，彎曲成小蟲狀。(圖1~2)

2. 依圖示在杯緣剪一個開口。(圖3)

3. 將紙杯倒蓋在桌上，並將毛根小蟲放在杯底。(圖4)

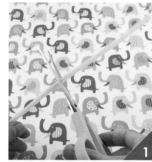

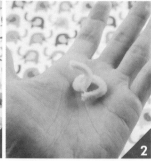

4. 對著杯子切口連續發聲，毛根蟲就動了起來。(圖5)

活動小幫手

1. 請讓聲音集中在紙杯內，也可以用雙手輔助讓聲音更集中。

2. 孩子喜愛用短而尖銳的方式發聲，這樣效果並不好；大口吸氣，再連續發出低頻且大聲的聲音（例如：ㄛ～），就可以輕鬆的讓毛根蟲動起來。

親 子 大 探 索

* 發出的聲音大，就
  容易讓毛根蟲動起
  來嗎？

* 杯緣開口可以讓聲
  音集中在紙杯內，
  讓振動效果更好。
  如果不開洞，可以
  透過從杯底開口將
  聲音集中，但效果
  較差。

* 比較一下，毛根蟲
  振動的頻率，與發
  聲頻率的高低（尖
  銳或低沉）有關
  嗎？

你還可以這樣玩

封口袋內放入少量的細小保麗龍
球（直徑約1公厘），充氣後封
口。嘴巴輕觸封口袋，用雙手圍
在嘴巴四周，讓聲音更集中。當
你發出低頻且較大的音量，就會
看到保麗龍球跟著振動，看起來
是不是像用聲音在爆米花呢？

科學放大鏡

　　聲音是透過物體的振動而產生，
可以藉由不同物質來傳遞。活動中，
聲帶振動發出聲音，透過空氣作為介
質傳遞，聲音所產生的能量集中在紙
杯內而振動杯底，讓毛根蟲動起來。

關鍵字

聲音、頻率、振幅

材料與工具

1. 木板底座　　4. 鐵釘2根
2. 毛根　　　　5. 長螺絲
3. 橡皮筋　　　6. 鐵鎚

微小的振動容易被我們忽略,但也因為不容易被發現,這個遊戲玩起來更有魔術般的趣味效果。

1. 木板底座左右兩端各釘1根鐵釘,鐵釘的間距僅需讓橡皮筋套上去是拉緊的狀態即可。(圖1)
2. 將橡皮筋套在2根鐵釘上。(圖2)
3. 剪一小段毛根放在橡皮筋中段。(圖3)
4. 用長螺絲的螺牙摩擦鐵釘,會看到毛根蟲開始移動。(圖4)

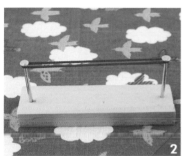

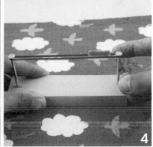

活動小幫手

1. 木板底座可以去找木材行或五金賣場找邊角料,只要可以固定鐵釘即可。
2. 毛根的毛順方向會影響前進方向,建議先放在橡皮筋中段,遊戲觀察運動方向後,再從左右兩端開始出發。

親 子 大 探 索

* 你有發現毛根蟲移動的方向和毛順方向之間的關聯嗎?

* 你有找到讓毛根蟲動起來的「動力來源」嗎?

* 改變2根釘子的間距,當橡皮筋的張力不同時,毛根蟲動起來的速度是否也會跟著改變?

你還可以這樣玩

這個遊戲的動力來源是「振動」，只要讓釘子振動，就能讓毛根蟲動起來。不一定要用螺絲的螺牙來摩擦，也可以尋找任何可以產生振動的物體，例如砂紙、可以畫小波浪的塑膠尺，甚至是石頭，或電動牙刷。另外，你也可以找找看，有哪些植物和毛根相似，例如牛筋草，都可以拿來試試看，但要確認橡皮筋的間距是否合宜，必要時再多加幾根釘子加寬間距。

科學放大鏡

透過螺牙與鐵釘摩擦產生振動，振動能量藉由橡皮筋傳遞到毛根，該作用力為F，由於毛根的毛順方向並非垂直，此作用力F便可分解為往上的分力f1，及往右的分力f2，f1使毛根向上跳動，f2提供側向的推力，使毛根產生橫向移動。

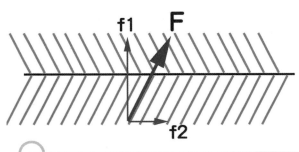

關鍵字

振動、

作用力與反作用力

7+

準備難易度：★ ★ ★
活動難易度：★ ★ ★

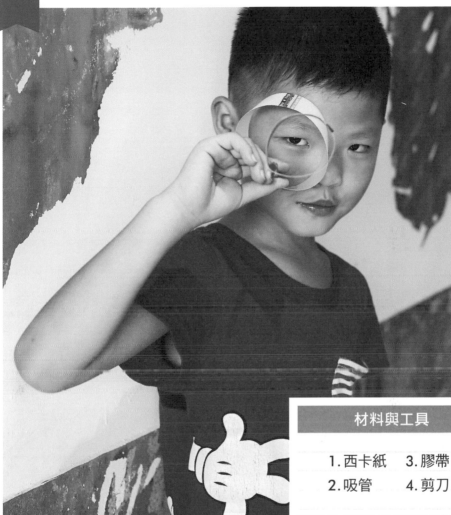

材料與工具

1. 西卡紙　　3. 膠帶
2. 吸管　　　4. 剪刀

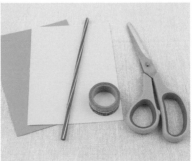

活動小幫手

本滑翔機較輕巧，請在無風的場地或室
內進行遊戲，避免受風干擾。

你對飛機外觀結構的想像是什麼？這個單元的滑翔機造型，絕對顛覆你的想像。

1. 用西卡紙裁出2條寬3公分，長度分別為28公分和17公分的紙條。（圖1）

2. 2段紙條分別繞成環狀，以膠帶黏貼成紙圈。（圖2）

3. 將紙圈以膠帶固定在吸管兩端，吸管滑翔機就完成了。（圖3）

4. 以丟擲紙飛機的方式試飛。（圖4）

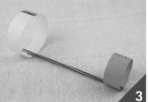

親 子 大 探 索

* 大環或小環在前進行丟擲，飛行效果會有差異嗎？

* 改變紙環的大小或吸管長度，飛行效果又會如何？

你還可以這樣玩

你可以設計不同的吸管滑翔機跟1個飛行標靶，一起來比賽。看誰飛得遠？看誰擲得準？看哪一台飛得穩？

科學放大鏡

飛行大致受到推力、阻力、升力和重力的作用。手擲的力量提供了滑翔機推力，而滑翔機的環狀機翼並無法提供飛機升力，而是提供下降的阻力，延長了滯空的時間，最後仍在重力的作用下墜地；但只要飛機整體的重心調配得宜，就能夠保持機身的平衡，完美滑翔。

關鍵字

飛行原理

飛機的重心

36 怪怪飛行環

  準備難易度：★ ★ ★
活動難易度：★ ★ ★

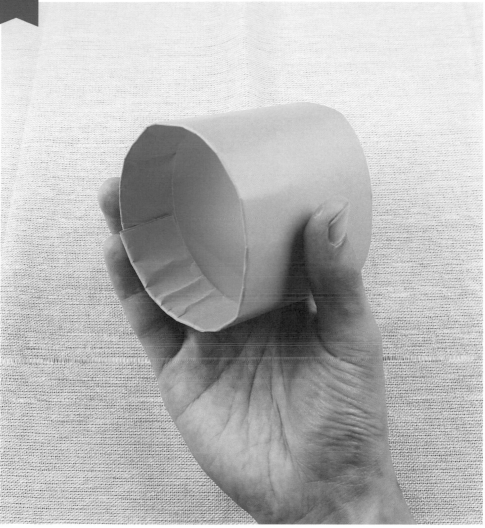

材料與工具

1. A4 影印紙

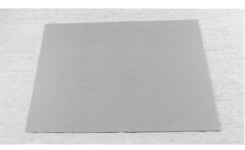

單憑一個紙圈也能飛？它製作起來很簡單，玩起來卻一點也不簡單，趕快來挑戰。

1. 將A4影印紙沿著長邊對半折。（圖1）

2. 打開後對齊中間折痕，向上折1/4段。（圖2）

3. 再將該1/4段對半向上折。（圖3）

4. 將對折多層的這部分，沿著步驟1的對折線向上折。（圖4）

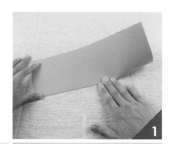

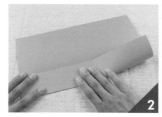

5. 利用桌邊輔助，將紙張彎成弧形。（圖5~6）

6. 再將紙張頭尾相扣成環狀，折面朝內，直徑約9公分，飛行環就完成了。（圖7~8）

7. 以反摺一側朝前，手指以抓取管狀物方式拿取，向前拋擲同時，靠四根手指頭摩擦撥動，使飛行環旋轉前進。（圖9~10）

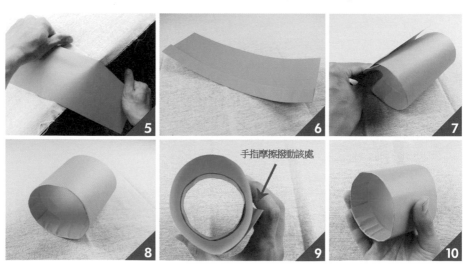

手指摩擦撥動該處

1. 拋擲方式需多加練習，方能掌握投擲技巧。重點在於要能使飛行環旋轉前進，旋轉越快，飛行效果越好。
2. 自行創作調整時，如果飛行環急速下墜，通常是因為前端太重，這時再重新調整整體重心比例。

親 子 大 探 索

* 試試用拋擲紙飛機的方式能夠飛得遠嗎？

* 想一想，為什麼要用旋轉拋擲的方式才能夠讓飛行環飛行？

你還可以這樣玩

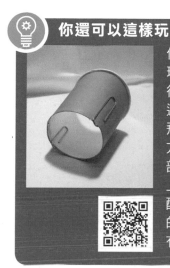

你也可以微調飛行環的配重、筒身直徑與身長，嘗試創造出能飛得更遠的飛行環。更簡單的方式是挖空紙杯底部，在對稱兩端夾上大支迴紋針作為配重，以旋轉拋執的方式投出，也會有不錯的效果。

科學放大鏡

　　飛行環的輕薄機身可以有效降低飛行阻力，反摺一側朝前意味著重心前移，加上旋轉拋擲使其旋轉前進，能讓飛行更加穩定且不易偏向。旋轉中的物體能保持固定狀態，抵抗使其改變的外力。利用旋轉來穩定物體的應用非常多，例如：轉動中的陀螺能夠站立保持穩定，玩具飛行器內有用來穩定機身、保持平衡的陀螺儀，甚至導航、定位等高科技也都應用了相同的原理。

關鍵字

飛行原理

陀螺儀、轉動

4+

準備難易度：★★☆
活動難易度：★☆☆

材料與工具

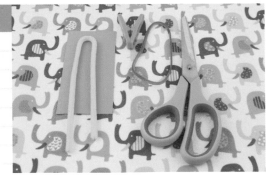

1. 西卡紙
2. 毛根
3. 曬衣夾
4. 粗橡皮筋
5. 剪刀

「啄木鳥，叩叩叩，不啄木頭，只會點頭。」這是一個利用橡皮筋製作的小玩意，可藉由調整尾巴的長度，來控制啄木鳥點頭的速度。快來一起點點頭，玩科遊。

1. 將橡皮筋剪斷。（圖1）
2. 橡皮筋穿過曬衣夾尾部兩洞口。（圖2）
3. 如圖用曬衣夾夾住毛根，毛根後半段可適度捲曲。（圖3）
4. 在西卡紙上繪製啄木鳥，剪下後用雙面膠黏在夾子側邊。（圖4）
5. 將粗橡皮筋垂直拉直，就會看到啄木鳥緩慢向下振動。（圖5）

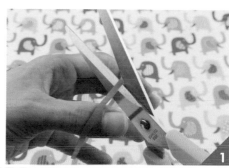

親子大探索

* 拉扯橡皮筋的鬆緊度，是否會影響下降速度？

* 試著減少毛根捲圈的圈數，你會發現振動頻率也跟著改變。是毛根伸長一點，下降比較快，還是短一點比較快呢？

* 掌握上述技巧，你發現控制啄木鳥下降速度的方法了嗎？

你還可以這樣玩

還有個更簡單的版本：用免洗紙杯取代毛根，將曬衣夾夾在免洗杯口，使用一樣的操作方式，也可以做出啄木鳥叩叩下降的遊戲效果；最後再發揮一點創意，幫杯子做點裝飾吧！

科學放大鏡

　　啄木鳥受到重力必定會往下掉，又因為曬衣夾的小洞與橡皮筋產生摩擦而停止，接著橡皮筋在變形之後給予一個回彈的力量，讓啄木鳥振盪並向下移動。就在重力、摩擦力與彈力的反覆交互作用下，啄木鳥緩慢振盪向下，而毛根伸展的長度會影響到振盪頻率，因而改變下落的速度。

關鍵字

彈力、摩擦力
重力、單擺週期

準備難易度：★★★
活動難易度：★★★

材料與工具

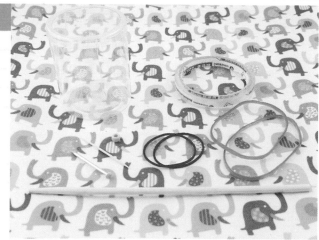

1. 塑膠罐
2. 牙籤
3. 塑膠串珠
4. 橡皮筋
   （2大、2小）
5. 竹筷
6. 膠帶
7. 釘子（鑽洞用）

迴力車是個歷久不衰的經典童玩。透過小小的改裝,也可以做出飄移甩尾的特技喔。

1. 用釘子或其他鑽洞工具在罐子的底部及蓋子各鑽一個直徑約2公厘的洞。（圖1）

2. 橡皮筋穿過蓋子的洞,再用膠帶將牙籤固定在蓋子上。（圖2）

3. 將橡皮筋另一端穿過罐子底部（可用鐵絲輔助）,暫時用手捏住,接著蓋回蓋子。（圖3~4）

4. 把塑膠串珠穿過橡皮筋後,以竹筷穿過橡皮筋固定。（圖5~6）

5. 用紙膠帶把蓋子與罐身黏貼固定,並作為裝飾;再以粗橡皮筋綑住罐身兩側。（圖7~8）

6. 轉動竹筷會看到內部橡皮筋被扭轉,約轉50圈後將大車輪平放地面,放開手後,車輪就動了起來。

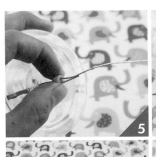
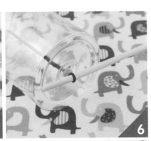
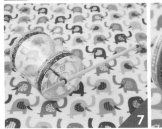

關鍵字

彈力、摩擦力
反作用力

1. 不要使用太重的罐子，車輪會比較容易動起來。
2. 塑膠串珠的功能是避免竹筷與罐子滾動時發生磨擦。你也可以試著用一樣的概念替換材料，讓大車輪動起來更順暢。
3. 車輪上的兩側橡皮筋是為了增加磨擦力，避免車輪空轉打滑。

親 子 大 探 索

* 試試調整橡皮筋在車輪上的位置，你會發現當左右兩側位置不對稱時，車輪就不會走直線，那是往哪邊彎呢？

* 改變橡皮筋的粗細或是增加數量，大車輪跑起來速度有變快嗎？小心，扭力太大也是會打滑空轉喔！

你還可以這樣玩

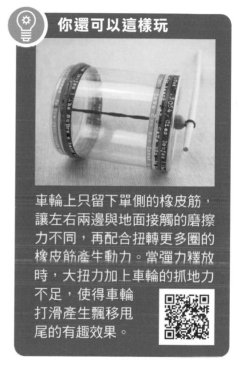

車輪上只留下單側的橡皮筋，讓左右兩邊與地面接觸的磨擦力不同，再配合扭轉更多圈的橡皮筋產生動力。當彈力釋放時，大扭力加上車輪的抓地力不足，使得車輪打滑產生飄移甩尾的有趣效果。

科學放大鏡

　　車輪可以前進，是因為車輪中的橡皮筋一端被固定、一端與長竹筷連接，可供轉動的紅色橡皮筋受到外力扭轉。橡皮筋是具有彈力的物質，受到變形之後會回復原來的形狀，這股回復的力量透過竹筷給車輪一個反作用力而前進。

　　車輪兩側綁著橡皮筋，橡膠材質有較佳的抓地力，當其中一側橡皮筋被拆掉時，會讓車輪左右兩側抓地力不同，造成車輪轉向。如果產生動力來源的橡皮筋瞬間釋放，使車輪與地面的摩擦力不足以支撐迴力車加速所需的力，加上兩側摩擦力不同，便產生飄移甩尾的現象。

- Part -

5

結合科學與
藝術的
跨界創作

當科學不再只是科學,而是結合藝術進行創作,又
會變出什麼新把戲呢?這個單元提供以科學進行聲
光藝術創作的有趣題材,等你一起發揮創意。

6+

準備難易度：★★★
活動難易度：★★★

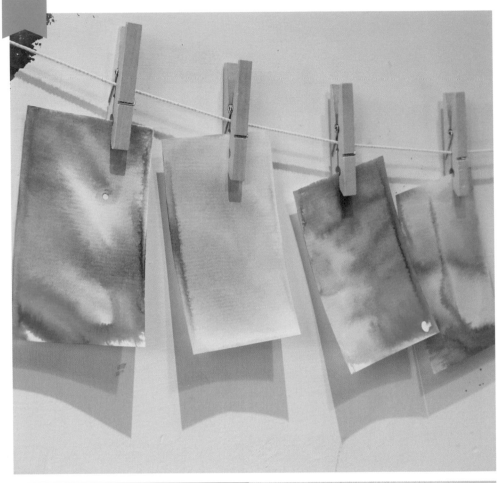

材料與工具

1. 全脂牛奶
2. 食用色素
   （3~4種）
3. 清潔劑
4. 棉花棒

5. 小碟子
6. 淺盤
7. 水彩紙
   （非必要）

讓我們用牛奶當畫布，食用色素為顏料來場另類的創作，彩繪出繽紛的牛奶抽象畫。

1. 將牛奶倒入淺盤，用量約可以覆蓋淺盤即可。（圖1）
2. 在牛奶中滴入各種顏色的食用色素。（圖2）
3. 用小碟子裝少許清潔劑，再用棉花棒沾取。（圖3）

4. 輕觸牛奶中的色素，會發現顏色迅速擴散開來。（圖4）
5. 你可以反覆輕觸色素，直到色素不再流動。（圖5）

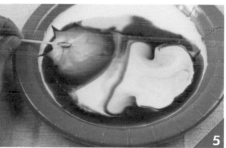

活動小幫手

1. 可鋪設大範圍報紙，並穿上圍裙。
2. 使用全脂牛奶效果較好。
3. 若使用食用色素粉末來調製色彩，可讓濃度高一些，創作出來的顏色會比較飽和。
4. 重複操作本活動時，務必將清潔劑沖乾淨。
5. 皮膚沾到食用色素，可用清潔刷來刷洗，或約1週即可漸漸洗去。

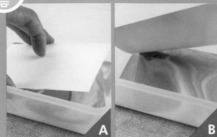

多準備圖畫紙或水彩紙（效果較佳），及過期的舊報紙；進行一樣的操作步驟，再將畫紙平鋪在牛奶抽象畫上，待顏色吸附後即可拿起，放置報紙上晾乾。（圖A～C）

進行本活動時，建議以清潔劑沾牛奶5～6次後，即可以畫紙吸附顏色。如果再增加次數，各種顏色會混在一起，視覺效果較差。（圖D）

關鍵字

表面張力

親子大探索

* 嘗試各種不同清潔劑，例如肥皂、洗髮精、洗衣乳、洗碗精，會有一樣的效果嗎？

* 使用脫脂牛奶進行活動，色素的流動效果會一樣嗎？

科學放大鏡

　　「表面張力」的作用在生活中很常見，例如水珠會呈現圓形、荷葉上圓圓的水滴會滾來滾去，這種讓水或其他液體呈近似圓形的力量就是表面張力的作用。

　　活動中，清潔劑沾到牛奶，破壞原本液體內部分子間保持平衡的吸引力，也就是滴到清潔劑的位置表面張力變小，使得食用色素被外圍表面張力較大的牛奶拉開。透過食用色素可以觀察這股力量的作用，讓孩子發現液體表面張力被破壞所發生的有趣現象。

40 導電塗鴉

7⁺

準備難易度：★★★
活動難易度：★★★

材料與工具

1. 2B 鉛筆
2. 膠水
3. 白醋
4. 6 伏特電池組
5. LED 燈
6. 攪拌棒
7. 滴管
8. 杯子
9. 水彩筆
10. 砂紙
11. 紙張

你有想過塗料也可以導電嗎？這麼有趣的科技產品，你也可以在家自己動手做。

1. 用砂紙將2B鉛筆筆芯磨成粉末。（圖1）
2. 碳粉倒入杯中，加入白醋攪拌均勻。（圖2~3）
3. 靜置至碳粉沉澱後，用滴管將上層醋取出，留下底部碳粉糊。（圖4~5）
4. 倒入微量膠水與碳粉糊攪拌均勻，導電顏料就完成囉。（圖6）
5. 把塗料畫在紙上，可以重複堆疊塗料，讓漆膜厚一些，待乾燥後接上電池組與LED燈，LED燈長接腳需與電池正極相接，短接腳與電池負極相接，你會發現燈亮了起來。（圖7~8）

活動小幫手

1. 碳粉與醋一開始不容易互相混合，可用攪拌棒反覆擠壓。
2. 膠水功能為黏著碳粉糊，不需使用太多，避免碳粉濃度不足影響導電效果。
3. 自製導電漆的電阻值較高，電池可使用6伏特或9伏特，方能使LED燈發亮。
4. 使用2B鉛筆是因為它的含碳量較高，你也可以購買6B鉛筆，或至化工行購買碳粉。碳的純度越高，做出來的導電效果越好。

A B C D

自己製作卡片,並在局部畫上導電塗料,成為一張具有電子互動的有趣賀卡。自製塗料的電阻值較高,如果用6伏電池組無法讓LED燈明顯發亮,可改用9伏特電池。(圖A~D)

親 子 大 探 索

＊ 若家中有三用電錶,量一量你製作導電塗料的電阻值。探針兩極擺放量測的距離,也會影響電阻值,距離越遠,電阻值越大。(圖E~F)

E

F

✽ 你可以用不同的材料來取代2B鉛筆,例如6B鉛筆芯、部分可導電的木炭,或是直接購買碳粉等,比較不同材料的導電效果。

科學放大鏡

生活中較容易取得碳的來源就是鉛筆了。碳是唯一能夠導電的非金屬材料,我們將碳粉與醋混合,醋是良好的電解質,可以增加導電效果,最後加入膠水讓塗料變得濃稠,方便用筆刷塗鴉。

關鍵字

導電物質

材料與工具

1. 塑膠鏡面
2. 彩色玻璃紙
3. 打洞機
4. 美工刀
5. 膠帶
6. 切割墊
7. 光源（手電筒或檯燈）

平凡的萬花筒，經過巧妙的鏡面排列，可以創造出繽紛萬象，絕對是科學與藝術的美好組合。

1. 用美工刀切割6片邊長7公分的正方形塑膠鏡面。（圖1）
2. 其中3片參考圖示，用美工刀輕劃（不裁斷）塑膠鏡面背後，以刮去鏡面鍍膜，再用打洞機在任意位置打孔。（圖2~3）

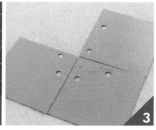

3. 在這3片鏡面背後分別用不同顏色的玻璃紙黏貼覆蓋。（圖4）
4. 如圖以膠帶黏貼邊緣。（圖5~6）

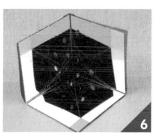

5. 將另外3片塑膠鏡一角裁出邊長約2公分之三角缺口。（圖7）
6. 再如圖示以膠帶黏貼。（圖8~9）

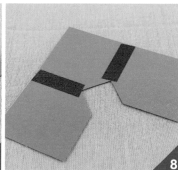

7. 將上述步驟完成的2組鏡面組裝貼合。（圖10~12）

8. 用光源照射玻璃紙，眼睛對著缺口向內觀看，你就會看到看似立體的繽紛影像。（圖13~14）

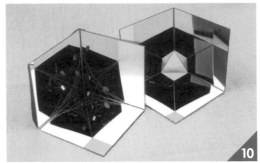

關鍵字

反射定律

活動小幫手

1. 塑膠鏡面也有「軟鏡」之稱，可從販售袖珍模型材料的店家購買；或用鏡面卡典代替，不過效果略差。

2. 待完成步驟6再撕去塑膠鏡面表面的保護膜，以保持鏡面效果。

3. 使用獨立照明讓光線進入立體萬花筒內，才會有較佳的視覺效果。

4. 玻璃紙是為了讓顏色更加炫麗，也可以不使用，單純觀察線條圖案的無限反射效果。

＊你有沒有發現，這個立體萬花筒跟內裝貼滿鏡面的電梯看起來有類似的視覺效果呢？

＊本活動圖案乃參考幾何圖形所設計，以呈現出看似立體的視覺效果，你也可以任意切割或打孔，創造不同的視覺效果。

你還可以這樣玩

萬花筒的視覺效果在於透過2面以上不同角度的鏡子不斷反射。我們可以玩個簡單的小實驗，準備2面鏡子，鏡面相對擺放成一夾角，夾角內放一個物體，慢慢改變夾角，看看鏡中物體的數量變化。（圖A~D）

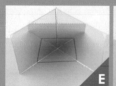
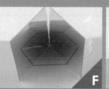
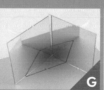

或在鏡子底部夾角上擺上一條直線圖卡，轉動圖卡或是改變鏡子夾角，就能創造許多圖形。（圖E~H）

科學放大鏡

　　鏡子在孩子接觸影像的歷程中扮演了重要的角色。我們常會看到孩子拿著能夠反射光線的物體隨處亂照，探索著能夠將光線引導至什麼方向。當光照射在平滑面上（例如鏡子或金屬面板），會將光線反射，形成與原物形狀相同但左右相反的鏡像。本活動能夠呈現如此特殊的效果，正是四面八方的鏡子不斷反射所造成的效果。

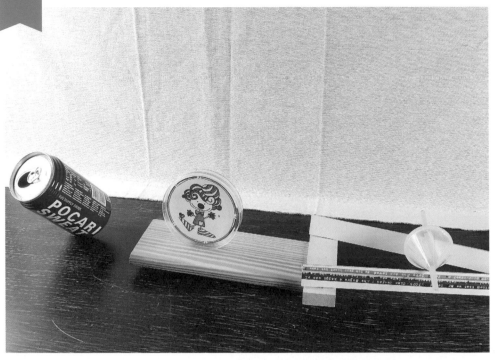

材料與工具

1. 聽話的輪子（單元15）

2. 汽水鋁罐

3. 水

4. 漏斗

5. 木塊（任何可以墊高的
   材料皆可）

6. 長條軌道（以2片厚硬
   卡紙相黏固定）

7. 膠帶

8. 剪刀

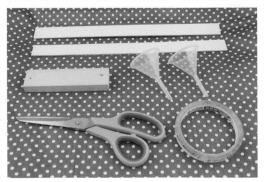

這個單元是利用單元15「聽話的輪子」道具,外加一個「汽水罐平衡魔術」及「向上滾動的奇怪輪子」來進行創作。每個成品都是看似違反科學原理的「反重力」魔術,將這些物理現象串連起來,達到連鎖反應的效果。

A 讓我們先來練習汽水罐平衡魔術。

1. 在鋁罐內裝入約1/4~1/3左右的水量。(圖1)

2. 以鋁罐下方內凹的瓶身作為支點,將鋁罐傾斜放置,適時微調水量達到看似不會傾倒的魔術表演。(圖2)

B 接著製作「向上滾動的奇怪輪子」。

3. 取2個漏斗,口對口以膠帶相黏固定,完成一個雙錐體輪子。(圖3)

4. 找2片長約30公分的硬卡紙,將一端以膠帶黏成V型軌道,並可開合。(圖4)

5. 將V形軌道黏合處放在桌面上,開口端以木塊架高約1.5公分。(圖5)

6. 將雙錐體輪子放置在接近V型軌道黏合處那端，調整較高處之開口寬度及高度，使輪子往開口處移動，看似往高處爬升。（圖6）

6

C 最後將這3個單元串連，藉由彼此碰撞，產生一連串的「反重力」連鎖反應。

7. 開頭是設計讓「聽話的輪子」爬坡，撞擊半傾的汽水罐，接著汽水罐不會傾倒，卻沿著瓶底弧度旋轉。（圖7）

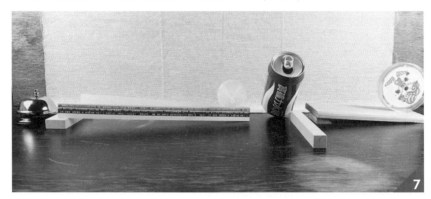

7

8. 再撞擊「向上滾動的奇怪輪子」，使之達到看似像上滾動的效果。（圖8）

9. 將3個關卡串連再一起，完成連鎖反應。（圖9）

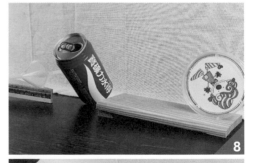

8

關鍵字

重心、重力

雙錐體運動

靜力平衡

9

1. 製作「向上滾動的奇怪輪子」時，選擇大一點的漏斗，效果較明顯。

2. 黏合漏斗也可以使用瞬間膠或保利龍膠等較快乾的黏著劑，但用量切勿太多，避免重量分配不均。

3. 可以分階段測試，確認兩兩機關都能夠互相碰撞、啟動下一個動作。

4. 測試「聽話的輪子」爬坡撞擊汽水瓶時，可先擺放一個立柱物體，確認撞擊位置再來擺放汽水瓶，會比較容易成功。（圖A）

5. 汽水瓶在旋轉過程中較容易傾倒，可在底部黏一塊黏土增加穩定度。（圖B）

6. 這個單元需要耐心反覆嘗試才能成功。

你還可以這樣玩

你可以重新排列機關的順序，或是結合本書其他單元，設計新的連鎖反應。過程中的調整經驗，會讓你學到更多、更有成就感喔。

親 子 大 探 索

＊試著找出汽水瓶平衡時的水量，並記錄下來。

＊「向上滾動的奇怪輪子」真的向上滾動嗎？你可以實際用尺量一下起終點的雙錐體輪子高度？

科學放大鏡

這3個機關看似違反重力，其實仍在重力作用下，只是多運用一點小技巧。

汽水鋁罐裝水後的重心位置，落在罐子底部與桌面接觸的2個支點之間，所以可以平衡。雙錐體爬坡是構造所造成的錯覺，雙錐體重心在物體對稱中心點，在V形軌道運動過程中，軌道間距不斷加大，雙錐體的支撐點跟著外移，從側面來看，即可發現雙錐體重心仍是向下移動。可以用尺量一量雙錐體在起點、終點的離地高度，即可證明。

5+
準備難易度：★★★
活動難易度：★★★

材料與工具

1. LED 手指燈
（紅、綠、藍3色）
2. 小玩偶

你以為影子只會是黑色的嗎?你知道影子看起來也可以有立體感嗎?善用光影角度變化,搭配不同色光,來一場光影創作吧!

1. 找一個光線微弱的暗室。
2. 找一面白色背景,把小物放在前方。(圖1)
3. 打開第一盞LED燈,觀察影子及周圍的顏色。(圖2~3)
4. 打開第二盞LED燈,瞧瞧影子及周圍的顏色。(圖4~5)

5. 打開第三盞LED燈,有沒有發現影子發生什麼變化?(圖6~7)

活動小幫手

1. LED手指燈的亮度不一定均勻,可以調整燈與物體的距離來平衡白色背景上的色光強弱,讓影子顯色更平衡。

關鍵字

色光的混合

立體視覺

紅藍眼鏡

利用毛根折出一個平面框架，2種不同顏色的LED燈從不同角度照射（2種顏色影子相距約1公分即可），使牆面出現2個顏色的框架影子。接著準備與燈源相同2色的玻璃紙，分別放在左右眼觀看影子，你會發現框架的影子變得更立體。

親子大探索

* 下圖是說明光的三原色互相混合時，會呈現的顏色。請直接將手指燈照在白色背景，觀察不同色光混合後出現什麼顏色，是否跟圖中的顏色接近呢？

* 經過上述實驗，你有發現影子的顏色為什麼變成彩色嗎？跟光源照射的角度有關係喔。

科學放大鏡

　　你看到有顏色的影子是色光從不同角度照射及混色的結果。以藍光照射物體為例，牆面上影子為黑色，其餘範圍為藍色；當綠光從另一個角度照射時，2道光線的影子互相混色，出現新的影子顏色；當3道色光從不同角度照射時，就產生如圖所示的混色結果囉。（圖A～C）

　　「你還可以這樣玩」是另一種應用。一個物體放在眼前，單用左眼或右眼來看，會發現物體位置有些不同，稱為「視差」，而大腦能夠依視差來產生立體感；因此，如果能夠在平面上製造視差的影像，就會讓大腦產生立體感受。我們利用不同角度、不同光源照射同一物體，就產生了不同視角的影子，利用有色玻璃紙進行濾光，使左右眼看到不同視角的影像，產生立體感受。

藍光開啟，影子為黑色，周圍牆面為藍色

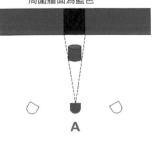

A

藍紫色為藍光與綠光的黑色影子混合色
暗綠色為藍光與綠光的黑色影子混合色

淡藍色為藍光與綠光混合色

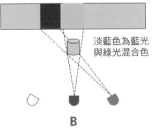

B

暗紫色為藍、紅與綠光的黑色影子混合色
暗黃色為綠、紅與藍光的黑色影子混合色
暗藍色為綠、藍與紅光的黑色影子混合色

牆面白色為三原色光混合色

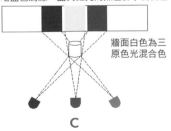

C

44 彩色晶沙

 4+

準備難易度：★★★
活動難易度：★★★

材料與工具

1. 彩色粉筆
2. 鹽巴
3. 紙杯
4. 造型容器

這是個大小朋友都很喜愛的創作活動，調出自己喜歡的鹽沙色彩，創作美麗的許願晶沙瓶。

1. 將鹽巴倒入紙杯，用喜歡的色粉筆攪拌杯中的鹽巴，顏色深淺可透過攪拌時間控制。（圖1）

2. 如果想要創造出色粉筆以外的顏色，可以使用2種色粉筆混合攪拌，就可以創造出多種不同的顏色。（圖2~3）

3. 分層倒入不同顏色的鹽沙，即可完成。（圖4~5）

活動小幫手

1. 鹽巴可以選用細鹽或粗鹽皆可,亦可以用糖代替。
2. 遊戲前鋪張報紙,可縮短收拾時間。
3. 你可以參考色料的三原色圖來調配想要的顏色。(圖A)

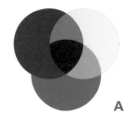

A

你還可以這樣玩

準備一個漂亮的透明玻璃杯,其大小可以放入鋁殼蠟燭。先在杯中放入彩色鹽沙,再放入鋁殼蠟燭,就成為一個精緻的燭臺囉。

親 子 大 探 索

＊試試用不同顏色的粉筆攪拌鹽巴,觀察混色效果;混色的效果是否跟水彩顏料很像呢?

關鍵字

色彩三原色

科學放大鏡

　　粉筆和鹽相互攪拌,鹽會將粉筆磨成粉末,粉末附著在鹽粒表面,使鹽粒帶有顏色。使用的粉筆顏色越多、攪拌時間越久,鹽沙顏色就越飽和。

　　這麼多種顏色的鹽沙,又是如何靠3種顏色調配出來呢?這就要談到色彩的三原色:紅、黃、藍。幾乎所有色彩都是由三原色構成:等量的紅、黃2色相混會出現橘色;紅、藍相混會出現紫色;藍、黃相混會出現綠色;3種顏色等量相混就會出現黑褐色,越是混和,明亮度越低、越近似黑色,因此也稱為減法混色。

5+

 準備難易度：★★★
活動難易度：★★★

材料與工具

1. 氣球
2. 螺絲帽
3. 洋芋片筒
4. 彈簧
5. 鑿子
6. 鉗子

孩子最愛敲敲打打製造噪音，運用身邊的簡易材料，製造極具趣味的噪音。仔細聽聽，這些聲音又像什麼呢？

A 氣球喇叭。

1. 氣球吹氣後，先用手捏住以免洩氣。（圖1）

2. 用雙手拉緊氣嘴成一字形。（圖2）
3. 將氣嘴口一收一放，就可以聽到像喇叭的聲音。

B 尖叫氣球。

4. 把螺絲帽放入氣球內，再充飽氣後打結。（圖3）
5. 再拿著汽球繞圈搖晃，就可以聽到刺耳的噪音。（圖4）

C 雷聲筒。

6. 用鑿子在洋芋片筒底部鑽一個小洞。（圖5）
7. 用鉗子將彈簧一端扳開，穿入洋芋片筒底部。（圖6~7）
8. 搖晃筒子使彈簧發生晃動，即可聽到彷彿打雷的聲音。

1. 尖叫氣球使用的螺絲帽規格約 3～6公厘皆可。
2. 彈簧可至五金行或至彈簧專賣店購買，建議選用直徑約0.4公分、線徑約為0.1公分、長度約為30公分的彈簧。

你還可以這樣玩

利用這3種樂器編寫噪音樂譜，和好朋友組成噪音交響樂團。相信我，孩子會非常的瘋狂且喜愛。

關鍵字

聲音的產生

響度、音調、音色

親子大探索

* 演奏氣球喇叭時，你有發現如何控制它的聲音頻率嗎？氣嘴拉開一點，音頻較高還是較低呢？

* 尖叫氣球的發聲頻率並非一成不變，改變搖晃頻率或是氣球皮的張力（改變氣球大小），都會產生不同的聲音頻率。

* 試試把尖叫氣球裡的螺絲帽換成其他東西（例如小石頭、一元硬幣、彈珠），但記得使用的物品別太大、太重，要可以在氣球裡面滾動才行。聽聽聲音有什麼不一樣？

科學放大鏡

聲音的產生跟振動有關，振動頻率不同，發出的音頻也不同。以氣球喇叭為例，氣嘴拉得越開，振動頻率越高，發出的聲音也越尖銳；尖叫氣球則是因為螺絲帽在氣球皮上滾動產生振動而發出聲音，搖晃越快速，振動頻率越高，聲音越尖銳。

不同的物體振動，所發出的聲音也不一樣。擺動雷聲筒彈簧時，彈簧振動底部金屬片，金屬片發出「轟隆」聲響，筒身就像音箱般把聲音放大。

粉筆上的抽象畫

3⁺　準備難易度：★★★
活動難易度：★★★

材料與工具

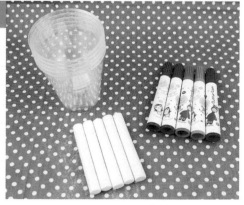

1. 彩色筆
2. 白色粉筆
3. 透明杯
4. 水

繪畫技法也可以很科學，這次讓我們在粉筆上作畫吧！

1. 用彩色筆沿著白色粉筆畫上一圈。（圖1）
2. 在透明杯中加入些許的水，水位高度不要超過粉筆上的圖案。（圖2）
3. 可以選擇多種顏色進行創作。（圖3）
4. 將粉筆放入水中一段時間，原本畫有的單色色圈就有如抽象畫般，有的暈開，有的出現不同色彩。（圖4）

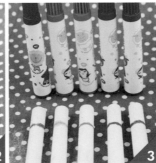

5. 你也可以在同根粉筆上用不同顏色畫上圖案。（圖5）
6. 一樣把粉筆放入水中一段時間。過一會兒，圖案與顏色都變了模樣呢。（圖6）

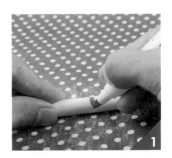

活動小幫手

1. 請使用水性的彩色筆或奇異筆。

你還可以這樣玩

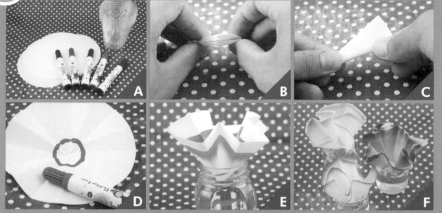

準備實驗用或咖啡濾紙，參考圖示反覆對折成傘狀。接著選用先前活動中可以析出不同顏色的色筆，在濾紙中心處畫圓圈，再放入裝滿水的玻璃瓶中。讓濾紙底部尖端吸水，注意彩色圓圈不要直接碰到水。不一會兒，彩色花朵般的漂亮創作就出現了。（圖A~F）

關鍵字

毛細現象

色層分析

親 子 大 探 索

* 並非每種顏色都會析出不同的顏色，你可以試著找出哪些顏色經過析出後，顏色依然不變。

* 彩色粉筆也可以這樣玩嗎？

科學放大鏡

　　在液體（例如：水）與物質（管壁）之間，液體克服地心引力上升，就稱為毛細現象。例如，將芹菜莖泡入水中，水會沿著芹菜莖中許多細小的孔徑上升。布料、紙張纖維、粉筆的內部結構，也是由許多細小孔隙串連起來，每個孔隙都會產生毛細現象，所以你會看到水順著粉筆、濾紙吸上去。

　　彩色筆顏料的顏色多半由多種色素混合，遇水時，色素分子會從濃度較高的地方往濃度較低的地方擴散，其中各色素移動速度不同而慢慢分出顏色，這個過程稱為色層分析，也就是你看到部分顏色會從粉筆或濾紙中析出2種以上顏色的現象。

重要名詞解釋

➥ 力矩（單元 27）

作用力使物體繞著轉軸或支點旋轉的能力。

➥ 大氣壓力（單元 13、25）

空氣具有質量，受到地球引力的作用，聚集在地球表面約32公里的範圍內，此大氣層的重量壓在地球表面產生大氣壓力。

➥ 內聚力（單元 23）

相同物質分子間的吸引力稱為內聚力。

➥ 毛細現象（單元 46）

毛細現象是一種物質吸引另一種物質的能力，例如水和水杯之間的附著力大於水溶液本身的內聚力，會看見水杯壁緣出現水溶液上升的現象。

➥ 共振（單元 11）

施予外力的頻率和系統的振動頻率相同時，系統振幅會逐漸加大，出現共振。

➥ 全反射（單元 12）

當光線照射到兩介質的界面，其入射角大於臨界角時，會發生光線全部反射的現象。

➥ 光的反射（單元 41）

光的入射線、反射線和入射點上的法線位於同一平面，光線的入射角等於反射角。

➡ **光的折射（單元 12）**

光從一種介質進入另一種介質時，因為在不同介質中的行進速率不同，造成行進方向改變。

➡ **色層分析（單元 46）**

色層分析是利用不同混合物對於「固定相」之親和力差異，而有不同的分布，達到分離混和物的目的。

➡ **色彩三原色（單元 44）**

紅、黃、藍三色是色彩的三原色。紅、黃兩色等量混合會成橙色；黃、藍兩色等量混合成綠色；紅、藍兩色等量混合成紫色，如果把紅、黃、藍三色相混合就變成暗褐色，若等量相混合就成黑褐色。

➡ **附著力（單元 23、27）**

不同物質分子之間的吸引力稱為附著力。

➡ **作用力與反作用力（單元 34、38）**

作用力與反作用力是同時出現的，2 種力大小相同，方向相反。意即當施力於物體時，會同時產生一個大小相等但方向相反的反作用力。

➡ **表面張力（單元 13、22、39）**

液體內的分子四面八方都受到吸引力，因此每個方向受力皆相等。但在液體表面的分子受力並不均勻，形成往液體內部的合力，使液體收縮到最小的表面積。

➡ **非牛頓流體（單元 2）**

符合牛頓黏度定律的流體，稱為「牛頓流體」，特徵是不論所受的力如何，都能保持流體的性質，例如：水、酒精等等。反之，不符合牛頓黏度定律的流體，稱為「非牛頓流體」，特徵是流體的黏度受到壓力或速度的影響，壓力越大，黏度越大，甚至短暫成為固體狀。

➡ **拋體運動（單元 19）**

以外力拋出物體，其在空中的運動就稱為拋體運動。

➡ **界面活性劑（單元 22）**

分子中同時含有長鏈烷基之「親油基」，以及使分子可以在水中分散或溶解之「親水基」的化學物質。

➡ **虹吸現象（單元 14）**

虹吸現象是因為壓力差以及水的內聚力，造成液體流動的現象。當水位高低有落差時，重力產生的壓力差使高處的水經由管子流向低處，而管中的水互相吸引，持續將水流向低處。

➡ **重心（單元 15、26、29、42）**

物體重量分布的中心點。

➡ **重力（單元 30、37、42）**

牛頓的重力理論指出，宇宙裡的所有物體都會相互吸引，這種作用力稱為重力。重力大小與兩物體的質量及彼此間的距離有關。

➡ **浮力（單元 24）**

流體中的物體會受到向上的力，稱為浮力。其大小為物體所排開流體的重量。

➥ **連通管（單元 14）**

把水倒進水管或相通的容器，當水靜止時，2 個相通容器中的水面高度會相同。

➥ **密度（單元 5）**

物質每單位體積內所含的質量。

➥ **康達效應（單元 18）**

流體會沿著物體表面流動的現象。

➥ **結晶（單元 6）**

飽和溶液冷卻後，溶質會以晶體的形式析出，形成結晶。

➥ **過飽和溶液（單元 6）**

定溫、定壓下，溶劑溶解的溶質量，超過反應平衡時的最大量，此時溶液稱為過飽和溶液。

➥ **單擺運動（單元 10、37）**

由一條繩子垂吊重物，另一端固定即為「擺」。作單一方向的擺動，就成為單擺。小角度的擺動時，其週期只受擺長及重力加速度影響，與擺錘質量或擺角無關。

➥ **電解質（單元 1）**

溶於水能導電的化合物，稱為電解質。

➥ **磁力（單元 16）**

磁性物質都有磁場圍繞，磁場間會發生交互作用，所以磁性物質之間具有磁力。

➡ **酸鹼中和（單元 3、4）**

酸性與鹼性溶液混合時，各自失去原有的酸性與鹼性，且產生鹽類與水的化學反應。

➡ **槓桿原理（單元 19）**

可以繞著固定支點轉動的剛體稱為「槓桿」。依支點、施力點與抗力點的相對位置分為三類，功能分別為省時、省力或改變力的方向。

➡ **酸鹼指示劑（單元 7）**

酸鹼指示劑會隨著溶液的酸鹼性而變色，可用以區分物質的酸鹼性。

➡ **彈力（單元 19、37、38）**

物體受外力作用發生形變，當外力消失，物體回復原來形狀的力稱為彈力。

➡ **摩擦力（單元 10、17、21、27、30、31、32、37、38）**

摩擦力存在於兩接觸面間，能阻止物體發生相對運動，其大小與接觸面的性質及作用在接觸面的力有關。

➡ **凝固點（單元 8、9）**

定壓下，液體開始凝結為固體的溫度稱為凝固點。

➡ **靜力平衡（單元 15、26、29、42）**

物體受到數個外力作用，仍然能夠保持靜止狀態，不移動也不轉動。

➥ **聲音的三要素（單元 33、45）**

聲音的三要素為響度、音調、音色。響度是指聲音的大小聲，由音波的振幅決定。音調是指聲音的高低，由音波的頻率決定。音色是指聲音的特色，決定於聲音的波形。每種聲音皆有其特色，其聲音所出現的形狀也不同。

網路參考資源

　　以下分享筆者最常瀏覽的幾個科普網站，包含教學、活動、親子、動手做等幾大類型，供讀者作參考。

zfangの科學小玩意
zfang.zipko.info

丫興の自然教學網
http://plog.hlps.tc.edu.tw/blog/56

林宣安老師_創意教具DIY
http://l0930984547.blogspot.tw/

阿簡生物筆記
http://a-chien.blogspot.tw/

科技大觀園-科技部
https://scitechvista.nat.gov.tw/zh-tw/Home.htm

科學遊戲實驗室
http://scigame.ntcu.edu.tw/

科學玩具柑仔店
http://kingdarling.blogspot.tw/

國立中央大學物理演示實驗
http://demo.phy.tw/

潘冠錡老師的好好玩物理網
http://haha90.phy.ntnu.edu.tw/

Babble Dabble Do
http://babbledabbledo.com/

CreatifulKids
http://www.creatifulkids.com/

little bins for little hands
http://littlebinsforlittlehands.com/

MAKE HOMEMADE SCIENCE TOYS AND PROJECTS
http://www.sciencetoymaker.org/

pagingfunmums
http://pagingfunmums.com/

Steve Spangler Science
http://www.stevespanglerscience.com/

Toys from Trash
http://www.arvindguptatoys.com/paper-fun.php

THE CREATIVE SCIENCE CENTRE
http://www.creative-science.org.uk/

The Tinkering Studio- exploratorium
http://tinkering.exploratorium.edu/

ジャンクホビー工房
http://members2.jcom.home.ne.jp/arima13/

おもしろ科学実験室（工学のふしぎな世界）
http://www.mirai-kougaku.jp/laboratory/index.php

科学実験検索｜公益財団法人日本科学協会
http://www.jss.or.jp/fukyu/kagaku/search/

國家圖書館出版品預行編目資料

親子FUN科學：46個刺激五感、鍛鍊思考、發
揮創意的科學遊戲 / 許兆芳著. -- 初版. --
臺北市：商周出版：家庭傳媒城邦分公司
發行，2016.09
　面；　公分. -- (商周教育館；5)
ISBN 978-986-477-092-2(平裝)

1.科學實驗 2.通俗作品

303.4　　　　　　　　　　　105015507

商周教育館 5

親子FUN科學（暢銷改版）：
46個刺激五感、鍛鍊思考、發揮創意的科學遊戲

作　　　者／許兆芳
審　　　訂／許良榮 教授
紙 卡 設 計／張涵喬
企 畫 選 書／羅珮芳
責 任 編 輯／羅珮芳

版　　　權／黃淑敏、吳亭儀
行 銷 業 務／周佑潔、黃崇華、張媖茜
總 編 輯／黃靖卉
總 經 理／彭之琬
事業群總經理／黃淑貞
發 行 人／何飛鵬
法 律 顧 問／元禾法律事務所王子文律師
出　　　版／商周出版
　　　　　　台北市104民生東路二段141號9樓
　　　　　　電話：(02) 25007008　傳真：(02)25007759
　　　　　　E-mail：bwp.service@cite.com.tw
發　　　行／英屬蓋曼群島商家庭傳媒股份有限公司城邦分公司
　　　　　　台北市中山區民生東路二段141號2樓
　　　　　　書虫客服服務專線：02-25007718；25007719
　　　　　　服務時間：週一至週五上午09:30-12:00；下午13:30-17:00
　　　　　　24 小時傳真專線：02-25001990；25001991
　　　　　　劃撥帳號：19863813；戶名：書虫股份有限公司
　　　　　　讀者服務信箱：service@readingclub.com.tw
　　　　　　城邦讀書花園 www.cite.com.tw
香港發行所／城邦（香港）出版集團
　　　　　　香港灣仔駱克道193號東超商業中心1樓＿E-mail：hkcite@biznetvigator.com
　　　　　　電話：(852) 25086231　傳真：(852) 25789337
馬新發行所／城邦（馬新）出版集團【Cite (M) Sdn Bhd】
　　　　　　41, Jalan Radin Anum, Bandar Baru Sri Petaling, 57000 Kuala Lumpur, Malaysia.
　　　　　　電話：(603) 90578822　傳真：(603) 90576622

封 面 設 計／林曉涵
版 面 設 計／林曉涵
內 頁 排 版／林曉涵
印　　　刷／中原造像股份有限公司
經　　　銷／聯合發行股份有限公司
　　　　　　新北市231新店區寶橋路235巷6弄6號2樓
　　　　　　電話：(02) 2917-8022　傳真：(02)2911-0053

■2016年 9 月 6 日初版
■2020年 10 月14日二版 1.8刷　　　　　　　　　　Printed in Taiwan
定價 360 元

城邦讀書花園

104　台北市民生東路二段141號2樓

英屬蓋曼群島商家庭傳媒股份有限公司城邦分公司　收

- -

請沿虛線對摺，謝謝！

書號：BUE005X　　書名：親子 FUN 科學（暢銷改版）　　編碼：

 商周出版

讀者回函卡

感謝您購買我們出版的書籍！請費心填寫此回函卡，我們將不定期寄上城邦集團最新的出版訊息。

不定期好禮相贈！
立即加入：商周出
Facebook 粉絲團

姓名：＿＿＿＿＿＿＿＿＿＿＿＿＿＿＿＿＿＿＿＿＿＿ 性別：□男 □女

生日：西元＿＿＿＿＿＿年＿＿＿＿＿＿月＿＿＿＿＿＿日

地址：＿＿＿＿＿＿＿＿＿＿＿＿＿＿＿＿＿＿＿＿＿＿＿＿＿＿＿＿

聯絡電話：＿＿＿＿＿＿＿＿＿＿ 傳真：＿＿＿＿＿＿＿＿＿＿

E-mail：

學歷：□ 1. 小學 □ 2. 國中 □ 3. 高中 □ 4. 大學 □ 5. 研究所以上

職業：□ 1. 學生 □ 2. 軍公教 □ 3. 服務 □ 4. 金融 □ 5. 製造 □ 6. 資訊

　　　□ 7. 傳播 □ 8. 自由業 □ 9. 農漁牧 □ 10. 家管 □ 11. 退休

　　　□ 12. 其他＿＿＿＿＿＿＿＿＿＿＿＿＿＿＿＿＿＿＿＿＿＿

您從何種方式得知本書消息？

　　　□ 1. 書店 □ 2. 網路 □ 3. 報紙 □ 4. 雜誌 □ 5. 廣播 □ 6. 電視

　　　□ 7. 親友推薦 □ 8. 其他＿＿＿＿＿＿＿＿＿＿＿＿＿＿＿

您通常以何種方式購書？

　　　□ 1. 書店 □ 2. 網路 □ 3. 傳真訂購 □ 4. 郵局劃撥 □ 5. 其他＿＿＿

您喜歡閱讀那些類別的書籍？

　　　□ 1. 財經商業 □ 2. 自然科學 □ 3. 歷史 □ 4. 法律 □ 5. 文學

　　　□ 6. 休閒旅遊 □ 7. 小說 □ 8. 人物傳記 □ 9. 生活、勵志 □ 10. 其他

對我們的建議：＿＿＿＿＿＿＿＿＿＿＿＿＿＿＿＿＿＿＿＿＿

＿＿＿＿＿＿＿＿＿＿＿＿＿＿＿＿＿＿＿＿＿＿＿＿＿＿＿＿

＿＿＿＿＿＿＿＿＿＿＿＿＿＿＿＿＿＿＿＿＿＿＿＿＿＿＿＿